蘑菇漫记

MOGU MANJI

张家辉　唐吉耀　主编

重庆大学出版社

内容提要

大型真菌在生态系统中对帮助植物生长、维护生态系统稳定、促进物质循环和能量流动等方面发挥着积极的作用，同时在食药用方面与人类建立了密切的联系。自然界中大型真菌资源丰富、形态多样、色彩纷呈，准确识别并合理利用大型真菌尤为重要。

本书选取重庆阴条岭国家级自然保护区具有代表性的大型真菌30种（类），依据相关文献资料，用通俗易懂、形象生动的语言全面展示各种代表物种的外形识别特征、生长繁殖现象、研究利用历史、科学文化知识等相关内容，并提供了在野外拍摄的大型真菌原色照片，可供生物资源与生物多样性工作者、自然科学科普宣教工作者、蘑菇爱好者、户外活动爱好者等使用和参考。

图书在版编目（CIP）数据

蘑菇漫记 / 张家辉，唐吉耀主编. -- 重庆：重庆大学出版社，2024. 9（2024.12重印）. --（“秘境阴条岭”生物多样性丛书）. -- ISBN 978-7-5689-4542-4

Ⅰ. Q949.32-49

中国国家版本馆CIP数据核字第202493PU59号

蘑菇漫记

张家辉　唐吉耀　主编

策划编辑：袁文华
责任编辑：文　鹏　　版式设计：袁文华
责任校对：谢　芳　　责任印制：赵　晟

重庆大学出版社出版发行
出版人：陈晓阳
社　址：重庆市沙坪坝区大学城西路21号
邮　编：401331
电　话：（023）88617190　88617185（中小学）
传　真：（023）88617186　88617166
网　址：http：//www.cqup.com.cn
邮　箱：fxk@cqup.com.cn（营销中心）
全国新华书店经销
重庆亘鑫印务有限公司印刷

开本：889mm × 1194mm　1/32　印张：6.25　字数：129千
2024年9月第1版　　2024年12月第3次印刷
ISBN 978-7-5689-4542-4　定价：39.00 元

- 编委会 -

重庆第一峰
阴条岭
海拔2796.8米

- 丛书序 -

重庆阴条岭国家级自然保护区位于重庆市巫溪县东北部，地处渝、鄂两省交界处，是神农架原始森林的余脉，保存了较好的原始森林。主峰海拔2796.8 米，为重庆第一高峰。阴条岭所在区域既是大巴山生物多样性优先保护区的核心区域，又是秦巴山地及大神农架生物多样性关键区的重要组成部分。其人迹罕至的地段保存着典型的中亚热带森林生态系统，具有很高的学术和保护价值。

近十多年来，我们一直持续地从事阴条岭的生物多样性资源本底调查，同步开展了部分生物类群专科专属的研究。通过这些年的专项调查和科学研究，积累了大量的原始资源和科普素材，具备了出版“秘境阴条岭”生物多样性丛书的条件。

“秘境阴条岭”生物多样性丛书原创书稿，由多个长期在阴条岭从事科学研究的专家团队撰写，分三个系列：图鉴系列、科学考察系列、科普读物系列，这些图书的原始素材全部来源于重庆阴条岭国家级自然保护区。

编写“秘境阴条岭”生物多样性丛书，是推动绿色发展，促进人与自然和谐共生的内在需要，更是贯彻落实习近平生态文明思想的具体体现。

“秘境阴条岭”生物多样性丛书中，图鉴系列以物种生态和形态照片为主，辅以文字描述，图文并茂地介绍物种，方便读者识别；科学考察系列以专著形式系统介绍专项科学考察取得的成果，包括物种组成尤其是发表的新属种、新记录以及区系地理、保护管理建议等；科普读物系列以图文并茂、通俗易懂的方式，从物种名称来历、生物习性、形态特征、经济价值、文化典故、生物多样性保护等方面讲述科普知识。

自然保护区的主要职责可归纳为六个字：科研、科普、保护。“秘境阴条岭”生物多样性丛书的出版来源于重庆阴条岭国家级自然保护区良好的自然生态，有了这个绿色本底才有了科研的基础，没有深度的科学研究也就没有科普的素材。此项工作的开展，将有利于进一步摸清阴条岭的生物多样性资源本底，从而更有针对性地实行保护。

“秘境阴条岭”生物多样性丛书的出版，将较好地向公众展示阴条岭的生物多样性，极大地发挥自然保护区的职能作用，不断提升资源保护和科研科普水平；同时，也将为全社会提供更为丰富的精神食粮，有助于启迪读者心灵、唤起其对美丽大自然的热爱和向往。

重庆阴条岭国家级自然保护区是中国物种多样性最丰富、最具代表性的保护区之一。保护这里良好的自然环境和丰富的自然资源，是我们的责任和使命。以丛书的方式形象生动地向公众展示科研成果和保护成效，将极大地满足人们对生物多样性知识的获得感，提高公众尊重自然、顺应自然、保护自然的意识。

自然保护区是自然界最具代表性的自然本底，是人类利用自然资源的参照系，是人类社会可持续发展的战略资源，是人类的自然精神家园。出版“秘境阴条岭”生物多样性丛书，是对自然保护区的尊重和爱护。

“秘境阴条岭”生物多样性丛书的出版，得到了重庆市林业局、西南大学、重庆师范大学、长江师范学院、重庆市中药研究院、重庆自然博物馆等单位的大力支持和帮助。在本丛书付梓之际，向所有提供支持、指导和帮助的单位和个人致以诚挚的谢意。

限于业务水平有限，疏漏和错误在所难免，敬请批评指正。

重庆阴条岭国家级自然保护区管理事务中心

杨志明

2023 年 5 月

- 前　言 -

我对于大型真菌的最初认识源于农村生活，而真正爱上大型真菌并持续关注这一类群，得益于十余年前所看到的我国香港知名食用菌专家张树庭教授对大型真菌的形象概括：“无叶无芽无花，自身结果；可食可补可药，周身是宝！”从那时起，我看了诸多关于大型真菌的论著，对大型真菌的了解日渐增多，每当在野外第一次亲眼见到曾经在书中看到过的菌类，莫不欣喜万分。特别是近五年来，在生态环境部和重庆阴条岭国家级自然保护区管理事务中心相关项目的资助下，在渝东北大巴山自然保护优先区持续开展大型真菌资源本底调查，让我接触到越来越多的菌类，也让我从中感受到了越来越多的乐趣。

独乐乐不如众乐乐，在我心底，我也总想让更多的人和我一起分享观察大型真菌的乐趣，在开展项目研究的同时，对重庆地区首次发现的一些野生大型真菌包括猴头菌、浅脚瓶盘菌等进行了宣传报道，也着手编写《蘑菇漫记》这本关于大型真菌的科普书籍。

对于菌类科普该如何做，可能每个人的理解不太相同，表现形式也各有特色。和已有大多数大型真菌科普书籍不同的是，《蘑菇漫记》并没有特别注重于描述灵芝、虫草、茯苓等著名菌类，也不是特别侧重于具有重要食用、药用价值的真菌，而是围绕我们在重庆阴条岭国家级自然保护区（以下简称“阴条岭自然保护区”）发现的一些菌类及其近缘的物种，结合查阅到的相关资料，用通俗的语言进行了描述，强调科普性和地方性的结合。这本书里，既有毛笔形、马鞍形、星形、喇叭形等各种奇特的种类；也有猴头菌、香菇、云芝等具有重要食药用价值的物种；还有火焰茸、黑胶耳等有毒的类群。我们尽可能从不同角度展示重庆本土大型真菌的多样性；此外，结合传统文化和菌类形态特征、生态习性等，我们为一些代表性菌类写作了几句小诗，希望能带给读者不一样的体验。

本书中的墨线图除特殊标注外，均引自卯晓岚的著作；除编写者在野外调查中亲自拍摄的大多数照片外，尚有极少数彩色图片标明引自他人著作、论文和网络；在此，一并致谢！

鉴于作者编写水平有限，敬请读者朋友们给予理解并提出宝贵的意见！

西南大学生命科学学院

张家辉

2024 年 3 月

- 目　录 -

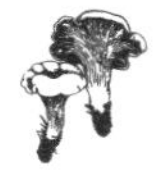

须发如雪胜肉膻

墨线识图

【拉丁名】 *Hericium erinaceus*（Bull.）Pers.

【中文名】 猴头菌

【中文别名】 猴头菇、猴菇、刺猬菌、猬菌

【分类地位】 红菇目 Russulales 猴头菌科 Hericiaceae 猴头菌属 *Hericium*

【生态习性】 阔叶树种的活立木及腐木上。

【资源价值】 食用、药用。

才见枝头白胜雪
又作山珍成美馔

人们对美食的追求自古有之，时下对原生态、无污染的野生美味食用菌的追捧热情倍增。三国时代孙吴沈莹所撰之《临海水土异物志》上有云："民皆好啖猴头美，虽五肉臛不能及之。"猴头菌这一美味食用菌在人们心目中的地位，"宁负千石之粟，不愿负猴头美臛"足以见之。

猴头菌历来就是有名的山珍，与海参、燕窝、熊掌并称为中国四大名菜。猴头菌又名猴头菇，其子实体[1]圆而厚实，基部狭窄或略有短柄，上部膨大成近球形，球形表面长有毛茸状菌齿，菌齿长1～3厘米，新鲜时雪白色至乳白色，后期乳黄色，干后由浅黄至浅褐色；远远望去形似金丝猴头，故称"猴头菌"。又因形似刺猬，故又有"刺猬菌"之称。

关于猴头菌，还有一个民间传说。很早以前，有一年秋天，一阵黑风刮过后，满山遍野出现了当年跟随孙悟空大闹天宫的猴子，把庄稼、果树全都糟蹋光了。后来，有两个小伙，跑到琉璃庙老道士那儿借来两把宝剑，赶走了顽皮的猴子。为了杀一儆百，两个小伙子就把割下来的猴头挂在高大的树上。此后，在这树上每年便长出猴头菌来。猴头菌成熟时，披一身米黄色的茸茸细毛，色美味香，模样儿逗人喜爱。

1　高等真菌以产生孢子繁殖后代，其孢子的结构称为子实体，由组织化的菌丝体组成。

野生猴头菌

猴头菌的“银丝白发”

猴头菌不仅在我国历史传统文化上占据一席之地，同时猴头菌的营养价值和药用价值也得到了世界的公认。猴头菌是鲜美无比的山珍，菌肉鲜嫩，香醇可口，有“素中荤”之称，自古以来一直是我国较为传统的名贵菜品。猴头菌既可以作为食材，也可以作为药品，在医药方面的价值极高，具有养胃安神的功效，有增强免疫力、抗衰老、抗炎和抗癌的作用。

猴头菌类广泛分布在北温带地区，其通常于夏末至秋末单生于树干上。我国野生猴头菌一般出自东北、青藏、内蒙古和西北地区，在南方较为少见。1936 年，鲁迅收到好友曹靖华寄赠猴头菌四枚，甚为珍爱，他在回信中写道：“猴头菌闻所未闻，诚为尊品，拟俟有客时食之。”之后又给曹靖华回了一封信，提到：“猴头菌已吃过一次，味确很好，但与一般蘑菇类颇有不同，南边人简直不知道这名字……但我想，如经植物学或农学家研究，也许有法培养。”由于对生长环境的要求较高，猴头菌往往见于高海拔森林里，同时人为采食较为严重，导致我国野生猴头菌的数量愈来愈少。根据 IUCN（世界自然保护联盟）濒危等级标准，野生猴头菌生存状况为低危（LU），其野生种群面临绝灭的概率较高。

2020 年，笔者在阴条岭自然保护区开展大型真菌调查研究时，在白果林场阴条岭管护站发现猴头菌这种易危大型真菌物种，不仅证实了野生猴头菌在重庆真实存在，也为该物种的保护提供了重要的依据。

猴头菌进入餐桌的时间目前无文献可查，但在明代徐光启的《农政全书》中已经有关于猴头菌的文字记载："如天花、麻姑、鸡枞、猴头之属，皆草木根腐坏而成者。"由于猴头菌野生产量稀少，因此并没有在古代时得到广泛的食用和记载，但在现代由于猴头菌培育技术的不断发展和大规模繁殖，猴头菌逐渐走进寻常百姓家，成为大家餐桌上的美馔。

山林间的画笔

墨线识图

【拉丁名】*Lysurus mokusin*（L.f.）Fr.

【中文名】五棱散尾鬼笔

【中文别名】中华散尾鬼笔、五棱鬼笔

【分类地位】鬼笔目 Phallales 鬼笔科 Phallaceae 散尾鬼笔属 *Lysurus*

【生态习性】夏秋季节群生于腐土上。

【资源价值】有食用、药用记载，也记载有毒，慎食。

恰是蒙恬掷一毫
万千画笔山林间

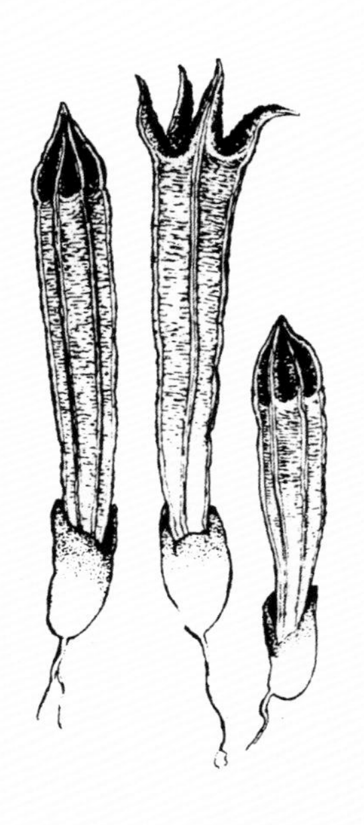

毛笔是文房四宝之首，汉代著名学者扬雄曾赞道：“孰有书不由笔。苟非书，则天地之心、形声之发，又何由而出哉！是故知笔有大功于世也。”毛笔历史悠久，它传承着厚重的中华文明，也塑造着中国文化和中国文人独特的精神气韵。写意画运用毛笔调和水墨，绘出深山烟雨，竹影婆娑，草长莺飞……无一不是热爱大自然的表现。那么大自然间会有“画笔”吗？

答案是肯定的：有！

鬼笔目鬼笔科散尾鬼笔属呈毛笔形的大型真菌，就是生长在大自然山林间的天然“画笔”。

鬼笔目的大型真菌营腐生生活，靠分解有机质而生存，可以生长在森林、草地甚至是城市生态系统中。房前屋后、竹林里外通常容易发现它们的身影，如深红鬼笔[1]是较为常见的鬼笔目真菌。

鬼笔目真菌的生长过程和其他类型的真菌，尤其是常见的蘑菇类，有着明显的区别。当进入繁殖时期，鬼笔目大型真菌的菌丝在地下缠结交织，形成一个乳突状的突起。随着突起的长大，形成一个小小的鸡蛋形构造，我们可称为菌蕾（外包被）；不同物种的菌蕾大小不一，有的表面光滑，有的表面粗糙，摸上去或多或少有些软软的感觉，这是因为菌蕾内部往往有胶质（中层包被）。当菌蕾

---

1 深红鬼笔学名 *Phallus rubicundus*（Bosc）Fr.，隶属于鬼笔目 Phallales 鬼笔科 Phallaceae 鬼笔属 *Phallus*，我国目前报道鬼笔属有 23 种。

深红鬼笔

破裂，海绵质、中空的菌柄冲破内包被伸展出来，包被全部留在菌柄基部形成菌托；在菌柄顶端形成各种各样的菌盖。

漫步至阴条岭自然保护区击鼓坪途中，两侧峡谷纵切，山势陡峭，一条狭窄的山路顺山腰蜿蜒向前，在转角背阴处，由于湿度较大，所以是真菌良好的栖身之处。在这里，我们发现了一种不寻常的鬼笔——台湾鬼笔[1]！

1 台湾鬼笔学名 *Phallus formosanus* Kobayasi，隶属于鬼笔目 Phallales 鬼笔科 Phallaceae 鬼笔属 *Phallus*。

台湾鬼笔算得上是鬼笔科的“巨人”了，是目前鬼笔科子实体最大的物种。从个头来看，其菌柄长可达 25 厘米，纺锤状，中空，中间最粗部分的直径达 6 厘米；菌盖钟状或倒杯状，高 6 ~ 9.5 厘米，下缘直径可达 10 厘米。基部孢托外部黄褐色，平滑或有皱纹，外皮剥离后有带黄色的内皮；淡红色菌柄上面有许多网眼状的空洞；菌盖与柄同色，表面网状，网格大小和形状不规则，深陷，顶端中央下凹成漏斗状，菌盖内侧有许多隆脊；孢体灰绿色或暗绿褐色、黏稠、有臭气。

台湾鬼笔成熟的子实体

竹林蛇头菌

鬼笔类孢子是苍蝇等不可抵挡的“诱惑”

台湾鬼笔为中国特有种，原产地为我国台湾花莲；自 1938 年正式发表以来，除台湾外，该物种仅在云南铜壁关省级自然保护区发现有分布，此二地均处于我国热带区域内，显示出台湾鬼笔具有典型的热带亲缘性质；而我们有幸在阴条岭自然保护区海拔 1683 米的亚热带针阔混交林林地边缘发现了该物种，表明台湾鬼笔也能较好适应亚热带生境。从空间分布来看，台湾鬼笔目前分布在台湾、云南和重庆三地，属于岛屿状、不连续分布状态，其起源中心和分布中心还很难通过现有信息进行判断。该物种究竟从何而来？至今还无法准确得出答案。

不同于鬼笔属物种带有复杂褶皱的菌盖，蛇头菌属的菌盖显得简约；如竹林蛇头菌[1]，它的红色菌盖没有任何繁杂的修饰，菌盖部分和菌柄没有明显的界线；远远看上去，菌盖呈现尖细圆锥状，颜色与菌柄略有不同，菌盖的表面有或深或浅的疣状突起，在繁殖期间其上会有暗绿色、黏稠、腥臭的孢子。

人们第一次接触到蛇头菌类及其他一些鬼笔的孢子时，往往会对其腥臭难闻的孢子退避三舍。但正是这种腥臭味成就了它们辉煌的一生，自然界中苍蝇等各种喜爱腐肉味的动物闻“香”而至，对着孢子就大快朵颐起来，吃饱喝足后周身沾满孢子体满意而走，正是这样一个让人不太喜爱的过程，菌类的孢子被传向了四面八方。鬼笔类大型真菌这样的繁殖方式像极了各种魔芋，甚至魔芋的花序和它们的子实体都是异曲同工，不得不让人感叹大自然的巧妙，而其中蛇头菌类简约的子实体形态，恰好和魔芋的一整个花序轴完全对应，这是何等的鬼斧神工！如此生生不息的方式是自然演化出来的充满魅力而被延续上千万年的生命密码！

关于蛇头菌类的利用价值，目前还没有很详细的研究报道。但是它的近亲深红鬼笔却是声名远播，早在《本草拾遗》就有记载，深红鬼笔可治“疮疽、虱疥、痈瘘”，有散毒、消肿、生肌作用；

---

1 竹林蛇头菌学名 *Mutinus bambusinus*（Zoll.）E. Fisch.，隶属于鬼笔目 Phallales 鬼笔科 Phallaceae 蛇头菌属 *Mutinus*，我国目前报道蛇头菌属有 6 种。

治疗疮疽的具体使用方法是，将冲洗掉菌盖表面孢子后的子实体晒干或焙干、研末，加入香油调成膏或将干粉敷于患处。《中国毒蘑菇名录》记载蛇头菌为有毒的菌类，但可能由于其恶臭很少有人采食，因此基本没有关于食用蛇头菌类引起中毒的案例。尽管如此，我们有理由相信，蛇头菌类的存在必然有其利用的价值。或许未来的某一天，它的药用价值和生态效益可以更被我们所熟知和利用。

长在蘑菇上的蘑菇

墨线识图

【拉丁名】 *Asterophora lycoperdoides*（Bull.）Ditmar

【中文名】 星形菌

【中文别名】 星孢寄生菇

【分类地位】 伞菌目 Agaricales 离褶伞科 Lyophyllaceae 星形菌属 *Asterophora*

【生态习性】 夏秋季节寄生于红菇科蘑菇上。

【资源价值】 食毒不明，寄生习性，具有教学、科研价值。

欲寻人间好风景
随形就势求攀登

星形菌及其寄主亚黑红菇（剧毒）

在生活中，我们经常能见到动物的寄生现象，如经常有虱子寄生在小猫、小狗的身上，又如猪身上可能会寄生有绦虫，就连人体内有时候也难免可能会被蛔虫寄生。

植物中也存在寄生现象，如菟丝子、桑寄生、槲寄生等植物，常常寄生在其他植物上。

这些动植物寄生现象可能大家都听说过，它们靠寄生在宿主上获得营养物质。那么，你是否知道蘑菇也是会有寄生的？想必这是很少听到也很少见的，但其实大型真菌的寄生现象也是存在的。如星形菌就会寄生在几种红菇科蘑菇上，可谓是长在蘑菇上的蘑菇。

星形菌[1]又叫星孢寄生菇，在我国主要分布于福建、四川、河南、西藏、甘肃、陕西、江苏、安徽、云南、湖南、吉林、黑龙江、江西等地，于夏秋季生于林中地上。星形菌可以寄生在几种红菇科真菌菌盖中央、菌褶或菌柄上。其子实体小，菌盖直径 0.5 ~ 3 厘米，幼时白色、近球形；菌肉和菌褶白色至灰白色，菌褶稀疏、分叉；菌柄白色，圆柱形，粗 0.2 ~ 0.5 厘米，内部实心，基部有白色茸毛。

当生长到后期，星形菌的菌盖呈半球形，上面会形成土黄色、浅茶褐色的厚垣孢子[2]，看上去像是有厚厚的一层粉末；菌褶上的孢子往往会由于厚垣孢子的迅速产生而受到抑制。厚垣孢子因其壁厚，能抗御不良外界环境，是星形菌适应环境、繁殖后代的一种策略。星形菌因为能产生厚垣孢子，又是一类特殊的寄生菌，在分类、研究真菌生态关系及教学上都有一定价值。

星形菌主要寄生在哪些蘑菇上呢？

星形菌寄主主要有黑红菇、密褶黑红菇和亚黑红菇[3]。其中，黑红菇（又名稀褶红菇）和密褶黑红菇在民间又都可以称为“火炭菇”，是可以食用的菌类，但与其形态相似的亚黑红菇（又叫亚稀褶红菇）

---

1 星形菌隶属于星形菌属 *Asterophora*，该属真菌目前国内仅此 1 种。

2 厚垣孢子是真菌无性生殖阶段形成的无性孢子，其细胞壁厚，存活周期长，能抗御不良外界环境；当环境条件适宜时，厚垣孢子可以萌发重新长出菌丝。

3 黑红菇学名 *Russula nigricans*，密褶黑红菇学名 *R. densifolia*，亚黑红菇学名 *R. subnigricans*，三者是红菇目 Russulales 红菇科 Russulaceae 红菇属 *Russula* 真菌。

星形菌菌盖顶部形成厚垣孢子

却是红菇属菌类中的剧毒种类，它往往容易和黑红菇和密褶黑红菇相混淆，故常被误食且可能致死。2021 年 9 月，广东曾发生一起一家 3 人误食亚黑红菇中毒，最终导致 3 人死亡的严重事件；根据中国疾病预防控制中心统计，2018—2021 年我国发生了 47 起亚黑红菇中毒事件，总计 144 人中毒，12 人死亡。

亚黑红菇的中毒类型为横纹肌溶解型，误食后发病较快，一般 10 分钟到 6 小时出现恶心、呕吐、腹痛、腹泻等胃肠炎症状；继而出现横纹肌溶解症状，5 ~ 25 小时较为明显，表现为全身肌痛、肌肉乏力、尿色深、尿少症状，部分患者出现急性肾功能损伤，肌酐、尿素氮升高、病情严重患者的横纹肌溶解症状持续加重，同时出现

黑红菇菌褶稀疏

密褶黑红菇菌褶密

呼吸困难、胸闷、心悸症状，血气分析提示为二型呼吸衰竭[1]。危重患者出现心肌损伤，心肌酶学升高，患者多死于室性心律失常、心源性休克，死亡时间为中毒后 20 ~ 72 小时。相关研究发现，亚黑红菇体内的有毒物质是一种麦角甾醇。

好在有方法可以将这三种红菇科菌类进行区分：黑红菇的菌褶较稀疏，密褶黑红菇的菌褶较密，而亚黑红菇的菌褶疏密介于两者之间；但疏密是相对的，没有对比的情况下还是很难判断的。但是，当亚黑红菇受伤后会变红，而另外两种红菇受伤后不仅会变红，最后还会变黑；子实体受伤后的这种颜色变化情况正是区别有毒的亚黑红菇和其他两种菇的典型特征。

"红伞伞，白杆杆，吃完一起躺板板"，说的就是许多外表鲜艳的蘑菇被人误食后会致人死亡。但在野外，许多不起眼的蘑菇，就像亚黑红菇，看起来无毒无害，却也是深藏剧毒的，所以一定不要轻易食用！

1　呼吸衰竭是各种原因引起的肺通气和（或）换气功能严重障碍，以致不能进行有效的气体交换，导致缺氧伴（或不伴）二氧化碳潴留，从而引起一系列生理功能和代谢紊乱的临床综合征。

无法进行光合作用的绿色蘑菇

墨线识图

【拉丁名】*Russula virescens*（Schaeff.）Fr.

【中文名】变绿红菇

【中文别名】绿菇、青头菌

【分类地位】红菇目 Russulales 红菇科 Russulaceae 红菇属 *Russula*

【生态习性】夏秋季节寄生于林地上，与栎、栲、栗等形成外生菌根。

【资源价值】美味野生食用菌，可药用。

可爱深绿与浅绿
没入青草难寻迹

众所周知，绿色植物是生物圈中有机物的制造者，在生态系统中担任生产者的角色。绝大多数植物的绿色部分的植物细胞内含有叶绿体，能进行光合作用，即将二氧化碳、水这样的无机物在光的条件下转化为有机物和氧气，将光能转化为储存在有机物中的化学能。这些有机物除了用来构建植物体外，还养育了生物圈中的其他生物，为其他生物提供了食物和能量来源。因此，绿色植物在生态系统中的作用无可替代。

在森林里，你见过绿色的蘑菇吗？即使有，你认为绿色蘑菇能进行光合作用吗？

在形态各异、颜色纷呈的真菌世界里，绿色的蘑菇相对而言比较少见，绿小舌菌[1]便是其中之一。绿小舌菌全身都是绿色的，其子实体偏小，高度仅 15 ~ 45 毫米，由明显的、扁平的“头部”和圆柱形的菌柄组成。“头部”长 6 ~ 26 毫米，宽 1 ~ 6 毫米，起初呈圆柱形，逐渐变平，这时扁平的“小脑袋”中间常有一条纵向的“折痕”，即形成中心的纵向凹槽，“小脑袋”表面光滑，是个秃顶，颜色为亮绿色到暗绿色。菌柄长 9 ~ 21 毫米，宽 1 ~ 3 毫米，呈圆柱状，新鲜时呈淡绿色；表面有深绿色、细密的鳞片，有一束束的絮状物；菌柄在子实体发育成熟时会变成深绿色，或多或少地变得光滑。菌

1　绿小舌菌学名 *Microglossum viride*（Schrad. ex J.F. Gmel.）Gillet，隶属于地舌菌目 Geoglossales 地舌菌科 Geoglossaceae 小舌菌属 *Microglossum*。

绿小舌菌

肉带白色到绿色，受伤后不变色。

绿小舌菌营腐生生活，体型较小，主要在夏秋两季于林下的苔藓中单独生长或群居生长，由于其多长在苔藓之中，因此在树林中不容易被发现。笔者在阴条岭自然保护区转坪管护站附近调查时，并没有第一眼就看到绿小舌菌，因为它的颜色和周围青草的颜色很接近。当笔者拍摄完其他蘑菇时，一转头偶然间发现从青草中冒出来的这种绿色蘑菇，拔除周边的青草，拍下了书中的这张照片。如果不是这样，笔者相信从远处是不太可能看到它们的。

这里，再简单介绍几种带绿色的蘑菇。

变绿红菇，又称绿菇、青头菌，通常在夏秋季雨后生于阔叶林或针阔混交林地中，是我国著名的野生食用菌，分布于中国大部分地区；由于是群生的，一旦在林中发现一朵青头菌，在附近极有可能发现它的“兄弟姐妹”。它的菌盖最开始是圆球形的，并不是特别绿，或者说是带着淡淡的黄绿色；随着菌盖长大、展开，慢慢地变为半球形并且中部常常稍下凹，此时菌盖呈浅绿色至深绿色，并且表皮往往会出现斑块状龟裂纹。除了菌盖表皮是绿色外，变绿红菇的菌肉、菌褶、菌柄等其他部分都是白色的，而且松软、质地脆，容易破碎。由于变绿红菇要与栎、桦、栲、栗等树木形成共生菌根，因此目前还不能进行人工栽培，我们在餐桌上吃到的青头菌确确实实是纯天然、无污染的山珍。

另一种看上去并不是很深的绿色蘑菇是绿变粉褶蕈[1]，全身上下是淡淡的黄绿色或青黄色，菌盖颜色较深，呈绿褐色或黄褐色带着绿色色调，但是当它受伤后就会变成明显的绿色。笔者将采到的绿变粉褶蕈放到酒精中保存，发现酒精很快变成绿色。绿变粉褶蕈的另一重要的辨识特征就是菌褶成熟时会由初期的白色变成粉红色，这也是粉褶蕈类真菌名称的由来。

1　绿变粉褶蕈学名 *Entoloma incanum*（Fr.）Hesler，隶属于伞菌目 Agaricales 粉褶蕈科 Entolomataceae 粉褶蕈属 *Entoloma*，散生或群生于阔叶林地。

变绿红菇（上）和绿变粉褶蕈（下）

小孢绿杯盘菌

相比前面的绿色蘑菇，还有一种更堪大用的物种是小孢绿杯盘菌[1]。小孢绿杯盘菌在欧美国家被称为绿色精灵杯（green elf cup），看上去像一个袖珍版的天青釉色汝窑瓷盘，其深蓝绿色的子实体给人一种灵动的美，令人陶醉。它的个头很小，高不足1厘米，成盘形或贝壳形，通常在夏秋季生长于腐木上。仔细观察，你会发现生长过小孢绿杯盘菌的枯木会有淡淡的蓝绿色，这就是小孢绿杯盘菌所具有的神奇的染色作用。曾经追求创新的工匠们，

1 小孢绿杯盘菌学名 *Chlorociboria aeruginascens*（Nyl.）Kanouse，隶属于柔膜菌目 Helotiales 绿杯菌科 Chlorociboriaceae 绿杯菌属 *Chlorociboria*。

在一项传承千年的细木镶嵌木工技艺上有了新的突破，那就是利用小孢绿杯盘菌和它们的“亲属”给木头染出靓丽的蓝绿色，这是它们释放出的盘菌木素赋予了枯木另一种蓝绿色的灵魂。试想一下，要是有一天能够穿上由绿色蘑菇的色素染出来的衣服，那将是多么自然的美啊！

虽然这些绿色或是带有绿色的蘑菇不能进行光合作用，但是作为生态系统中分解者的它们能将有机物转化为无机物，供生产者利用，对生态系统的物质循环至关重要。因此，这些绿蘑菇在生态系统中同样具有重要的价值！

会流血的蘑菇

墨线识图

【**拉丁名**】*Mycena haematopus*（Pers.）P. Kumm.

【**中文名**】血红小菇

【**分类地位**】伞菌目 Agaricales 小菇科 Mycenaceae 小菇属 *Mycena*

【**生态习性**】夏秋季节簇生于腐朽程度较深的枯木上。

【**资源价值**】食毒不明。

难为秋风强折腰
一管清泪和血流

在家中做菜时，你有没有注意到，在你切开或撕开一朵蘑菇的时候，是否看到过它们明显变色或者流出汁液呢？实际上，我们所接触的市面上的食用菌（包括平菇、香菇、金针菇等）大都没有类似的情况。但是在自然界中，有很多菌类表面或内部菌肉被破坏后都会迅速变色或者流出汁液，甚至有些菌类流出的汁液还是红色的，看上去就像动物受伤了流血一样，可谓是会“流血”的蘑菇。

在自然界中，这类会流出血红色汁液的蘑菇主要为血红小菇和血色小菇。血红小菇和血色小菇[1]两者同属于小菇属，它们长得小巧可爱，在外形上也极其相似。

血红小菇又称红汁小菇，菌盖直径 2.5 ~ 5 厘米，幼时形状为圆锥形，而后逐渐长成钟形，具条纹；整体呈淡红色，常常中部颜色更深，边缘更浅，渐变过渡，十分好看；菌柄长 3 ~ 6 厘米，直径 2 ~ 3 毫米，圆柱形或扁，等粗，与菌盖同色或稍淡，被白色细粉状颗粒，空心，脆质，基部被白色毛状菌丝体。血红小菇常常于初夏至秋季，簇生于腐朽程度较深的阔叶树腐木上。

血色小菇相比血红小菇更加小巧，菌盖直径 0.5 ~ 1.3 厘米，圆锥形至钟形，但是颜色较深，呈紫红褐色，颜色也是从中间到边缘由深到浅，湿的时候有放射状条纹。菌柄长 2.5 ~ 5 厘米，直径 0.5 ~ 1

1　血色小菇学名 *Mycena sanguinolenta*（Alb. & Schwein.）P. Kumm.，隶属于伞菌目 Agaricales 小菇科 Mycenaceae 小菇属 *Mycena*。

血红小菇

血色小菇

毫米，与菌盖同色，根部有白毛。血色小菇春秋季生于阔叶林及针阔混交林枯枝落叶上。

虽然血红小菇和血色小菇在形态上极其相似，甚至也都会“流血”，但仔细观察仍有许多差别，如血红小菇个头更高、更大，而血色小菇颜色更深等。

二者在受伤时流出的“血”其实是菌肉细胞产生的汁液，只是其中的成分恰好能使汁液呈现红色，就像血一样，但是并不跟动物的血等同，而且一般也只有幼嫩一些的会流出汁液，较老一些的受伤只会留下红色的印子。至于这汁液中的成分，像血红小菇的汁液中就有血红素 B，这是在真菌中发现的第一个吡咯喹啉类生物碱，还是具有一定的研究价值的。

在真菌学中，把血红小菇和血色小菇流出的“血”称为“乳汁”，红菇科乳菇属就是一类子实体内富含乳汁的大型真菌。其中，红汁乳菇和松乳菇等也具有受伤“流血”的特征。

红汁乳菇和松乳菇[1]两者同为乳菇属可以食用的菌类。红汁乳菇菌盖直径 3 ~ 6 厘米，松乳菇菌盖相对较大，菌盖直径 4 ~ 10 厘米。二者菌盖形状相似，都是中央下凹，边缘内卷，但是在颜色上有所不同，红汁乳菇菌盖灰红色至淡红色，菌肉淡红色，受伤时流出少许酒红色汁液，而松乳菇菌盖黄褐色至橘红色，菌肉近白色至淡黄色或橙黄色，受伤时流出橙色或酒红色汁液。

关于会流血的乳菇，它们不仅可以食用，还拥有美味的口感，我国很早就有其被食用的记录。南宋《武林旧事》卷三“岁晚节物”条载：“寺院及人家用胡桃、松子、乳蕈、柿栗之类作粥，谓之腊八粥。”这里的“乳蕈”，指的就是松乳菇。清代袁枚《随园食单》中也有民间将清酱与乳蕈一起烧熟，然后加麻油拌食的记载。值得一提的是，松乳菇的营养丰富，具有人体所必需的氨基酸、粗蛋白、粗脂肪等营养物质且含量都相对较高，还含有丰富的 Fe、Cr、Cu、Zn、Mn、Ni、Ca、Mg 等矿物元素。

---

1 红汁乳菇学名 *Lactarius hatsudake* Tanaka，松乳菇学名 *Lactarius deliciosus*（L.）Gray，隶属于红菇目 Russulales 红菇科 Russulaceae 乳菇属 *Lactarius*。

红汁乳菇

松乳菇

在丰富多彩的真菌世界里，除了会“流血”的蘑菇，还有会流出各种颜色“乳汁”的菌类，比如会流出白色牛奶状乳汁的多汁乳菇、辣多汁乳菇，会流出墨水一般黑色汁液的墨汁鬼伞等。

大千世界，无奇不有，具有各色“乳汁”的蘑菇让人大开眼界。这些“乳汁”之中还藏着什么秘密？一切还等待着科学家们继续探索。

皱皱的草帽

墨线识图

【拉丁名】 *Pluteus thomsonii*（Berk.&Broome）Dennis

【中文名】 网盖光柄菇

【中文别名】 汤姆森光柄菇

【分类地位】 伞菌目 Agaricales 光柄菇科 Pluteaceae 光柄菇属 *Pluteus*

【生态习性】 秋季单生于阔叶树枯木上。

【资源价值】 食毒不明。

（张筠尧 绘）

如果问你一朵小小的蘑菇像什么，我想你一定有很多答案，雨伞、帽子、小亭子……不错，这些答案都很形象。这里，我们要重点描绘的是草帽，像一顶皱皱草帽、奇特的网盖光柄菇。

网盖光柄菇为光柄菇属真菌，又叫汤姆森光柄菇，在我国东北、西北、华中、华南等地区的腐木之上均有分布。网盖光柄菇外形小巧，菌盖直径只有 2 ~ 3.6 厘米，颜色从中间向边缘由深入浅，中部黑色至灰色，边缘栗色至白色，且有放射皱纹至轻微的细脉纹，网状隆起，至菌盖边缘形成放射状条纹。菌盖中央的纹路看起来既像暴起的青筋，也像交织起皱的草绳，使得菌盖整体看起来就像一顶草帽。网盖光柄菇的菌肉很薄，呈白色。菌褶在初期也呈白色或灰色，成熟时会变为粉色至褐色，菌褶和菌柄分离是该属真菌的一大特点。

网盖光柄菇

光柄菇名字的由来大抵与其菌柄有关，因为它的菌柄光溜溜的，没有菌环、菌托等附属结构，故而得名。网盖光柄菇菌柄长 2.4 ~ 6 厘米，直径 1.5 ~ 6 毫米，基部稍膨大，颜色比菌盖浅，有纵向纤维状条纹，表面附着茶褐色粉状小颗粒，看起来就像穿着条纹样带细点的丝袜，并且菌柄还是空心、纤维质的。

网盖光柄菇的很多特点，其实也就是光柄菇属许多菌类的共同特点，比如：菌盖中央隆起；菌褶白色，成熟后粉色；菌褶离生；菌柄多无菌环、菌托，具有纵条纹。网盖光柄菇被赋予的独特之处，可能就是它可爱的皱皱的草帽外形吧。

其实，菌盖具有条纹并不是网盖光柄菇的专属特征，我们在阴条岭自然保护区发现的白小鬼伞[1]，其菌盖上也具有深深的皱纹。从外形来看，白小鬼伞的子实体个头很小，菌盖呈膜质，卵圆形至钟形，直径仅约 1 厘米，白色至污白色；菌盖顶部呈黄色，自中央至边缘形成了明显的、沟槽状长条棱。菌盖下面的菌褶在幼嫩时期为灰白色，较稀疏，后变黑色。菌柄也很羸弱，白色，长 2 ~ 3 厘米，直径约 1 厘米，有时稍弯曲，中空。白小鬼伞的菌柄质地较脆，用手轻触就很容易折断，这可能也是它归属于小脆柄菇科的一个重要特征。除了菌柄，它的菌盖也是肉质且容易破损的。

1　白小鬼伞学名 *Coprinellus disseminatus*（Pers.）J.E. Lange，隶属于伞菌目 Agaricales 小脆柄菇科 Psathyrellaceae 小鬼伞属 *Coprinellus*。

白小鬼伞

白小鬼伞通常会在腐木上成群、成片生长，个头虽小，但胜在群体数量大，在野外也能很容易地被人们发现。有资料记载，白小鬼伞是具有食用价值的，但由于个头太小、食用价值低下而没能走向餐桌。

菌盖具有深深纵条纹的真菌还有很多，在阴条岭自然保护区分布的还有小皮伞科的干小皮伞和紫沟条小皮伞等。和白小鬼伞类似，这两种小皮伞子实体个头小，菌肉薄，不具有食用价值。但传统中药上，小皮伞科的安络小皮伞和硬柄小皮伞却具有通经活血、舒筋活络、散寒止痛的功效，得到了广泛的应用。正如“苔花如米小，也学牡丹开”描绘的一样，即使再小的菌类，虽然目

干小皮伞（左）和紫沟条小皮伞（右）

前没有得到很好的利用，但它们在自然界顽强地生活，终有一天会让人们发现它们的意义和价值。

名副其实的舌尖美味

墨线识图

【拉丁名】*Tricholoma caligatum*（Viv.）Ricken

【中文名】欧洲松口蘑

【分类地位】伞菌目 Agaricales 口蘑科 Tricholomataceae 口蘑属 *Tricholoma*

【生态习性】夏秋季节生于栎林或针叶林中地上。

【资源价值】味鲜可食用。

离离山上松下客
八月秋雨送出来

松茸是我国从古至今久负盛名的美食之一。关于松茸的文字记载，最早可追溯到北宋时期的《经史证类备急本草》，书中描绘该菌生于松林下，菌蕾如鹿茸，因而得名松茸；到南宋时期，陈仁玉完成了我国历史上第一本食用菌专著《菌谱》，书中记载：“松蕈，生松荫，采无时。凡物松出，无不可爱，松叶与脂、伏灵、琥珀，皆松裔也。昔之遁山服食求长年者，舍松焉依，人有病，漫浊不禁者，偶啜松下菌，病良已，此其效也。”由此可见，松茸在古代人看来，是可以治病的，具有延年益寿的功效。明代李时珍的《本草纲目》也将其收录，列在香蕈条目下，又称为台蕈、合蕈。

松茸学名是松口蘑[1]，子实体相对较大，菌盖直径可达25厘米。菌盖污白色，外形呈扁半球形至近平展，具黄褐色至栗褐色平状的纤毛状的鳞片。菌肉白色、肥厚；同时其菌柄较粗壮，故又被云南纳西族称为“大脚菇”；简言之，松茸整体上给人一种厚实的感觉。

松茸最典型的特征还在其菌肉具有一种特殊的气味，有的人觉得是一种清香，有的人觉得像一种中药味。正是这种气味可能会令一些人觉得不太舒服，因此该菌又被叫做“臭鸡枞”，相比美味且价格昂贵的“鸡枞”而言，这大概是松茸原本价格不高的原因。

据分析，松茸一般含粗蛋白17%、粗脂肪5.8%、粗纤维8.6%、

---

1 松口蘑学名 *Tricholoma matsutake*（S. Ito & S. Imai）Singer, 隶属于伞菌目 Agaricales 口蘑科 Tricholomataceae 口蘑属 *Tricholoma*。

欧洲松口蘑

可溶性无氮化合物 61.5%、K、Fe 等微量元素和维生素 B_1、B_2、维生素 C、维生素 PP 等元素。医学研究表明，松茸具有镇咳、祛痰、平喘、抗肿瘤、免疫调节、抗过敏、抗氧化等多种药理作用。经研究发现，松茸主要含有多糖、挥发性成分、脂肪酸、氨基酸及甾体等化学成分，在抗肿瘤、抗氧化、抗衰老、免疫调节等方面具有较好生物活性，尤其是松茸多糖和松茸醇具有很好的抗肿瘤作用。由此来看，其食药用价值较高。

这么珍贵的松茸，怎么烹饪才能展现它的魅力呢？比如，可以生吃，一点芥末就是其全部佐料。又比如，炭烤也可以让松茸的食用价值得到完美的升华。与松露、鸡油菌、牛肝菌等相比，松茸在食材特性上最大的特点是它的香味是水溶性的，因此适合做成汤，而不是用油炒或煎。例如，把切成薄片的松茸和米饭搅和在一起煮。此外，松茸蒸鸡蛋羹、松茸豆腐、松茸酱、松茸寿司等，也都是让人垂涎三尺的餐桌美味。

在真菌世界里，和松茸同一家族也就是口蘑属中还有假松口蘑 *Tricholoma bakamatsutake* 等众多美味食用菌，包括笔者在阴条岭自然保护区发现的欧洲松口蘑[1]，也是一种美味的松茸类真菌。

欧洲松口蘑外形与松口蘑很相似，味鲜可食用，具有肉桂香气味，但其往往菌柄较长；欧洲松口蘑主要分布于中国新疆、山西等地区，夏秋季生于栎或针叶林沙质土地上，笔者的调查发现填补了阴条岭自然保护区在松茸菌类方面的空白，也展示出了阴条岭自然保护区大型真菌丰富的生物多样性。

在这里，笔者想提醒广大读者朋友，虽然松茸是美味的山珍，但是其对自然环境强烈的依赖性以及人们对天然无污染食物的热情追捧，目前松茸已经被列为了濒危物种。正如有人说“每一只松茸的诞生，都是大自然的奇迹”，我们只有保护好松茸生长环境，保护好这一神奇的物种，才能实现松茸生态资源的科学可持续利用，让松茸绵延不绝，让更多的人享有这大自然的馈赠！

1　欧洲松口蘑学名 *Tricholoma caligatum*（Viv.）Ricken，隶属于伞菌目 Agaricales 口蘑科 Tricholomataceae 口蘑属 *Tricholoma*。

丝绸般的祥云纹

墨线识图

【拉丁名】*Trametes versicolor*（L.）Lloyd

【中文名】变色栓菌

【中文别名】云芝栓孔菌、云芝、青芝

【分类地位】多孔菌目 Polyporales 多孔菌科 Polyporaceae 栓孔菌属 *Trametes*

【生态习性】春季至秋季生于多种阔叶树树桩、倒木或枯木上。

【资源价值】药用。

忽如祥云天上来

团团戢戢叠林间

变色栓菌（别名云芝）

走在山林中，偶尔会见到奇异的扁平蘑菇，层层叠叠，聚集成一团祥云状，现身于树干或者木头桩子上。这就是变色栓菌，也称为彩绒革盖菌，别名云芝。乍一看，其外形确实像是名称之来源：如朵朵的云彩。

《说文》云："芝，神草也。"按字面意思来看，云芝的意思就是云中的仙草。王充《论衡》云："土气和则芝草生。"可以理解为：只有在自然界中环境因素和谐的前提下，才有可能生长出具有神奇功效的仙草。因此，芝草自古就有瑞草的说法，芝草繁盛就是天降祥瑞的征兆。当然，古人所认为的祥瑞芝草更多是指灵芝。

成书于东汉末年的《神农本草经》，对芝类进行了详细的观察和记载，中医阴阳五行学说按五色将芝分为赤芝（丹芝）、黑芝（玄芝）、青芝（龙芝）、白芝（玉芝）、黄芝（金芝）五类，另外附加紫芝（木芝）。其中，青芝（龙芝）就是我们现在所见到的云芝。

云芝的子实体没有柄，单个呈扇形、半圆形或贝壳形，常数个叠生，似覆瓦密集成丛侧生于枯木上，盖面密生灰、褐、蓝、紫黑等各种颜色的茸毛，自着生处向外呈现一圈圈同心环纹，茸毛往往带有丝绸般的光泽，菌盖着生处相对较厚，到边缘处变薄且具有波浪的形状，恰有撷来巧云织锦绣的即视感，让人如置身云雾之中。

云芝菌盖的正面和背面

翻转菌盖，可见菌盖背面有细密管状孔洞，这也是多孔菌科真菌的一个重要特征，称为菌管；菌管如倒悬的试管，管的内壁上着生孢子，管口呈多角形至圆形，表面奶油色至烟灰色。

云芝虽然是一年生菌类，但其生命力很顽强，能耐干热，因此在我国属于广泛分布的菌类。夏季和秋季是云芝生长的旺季，常常成片生长在多种阔叶树木桩、倒木和枯枝上。云芝的菌丝对木材的分解力很强，往往造成木材的白色腐朽，因此云芝在野外对于枯木的分解有积极的作用，但要防止对枕木等木材造成腐烂。

云芝以枯枝腐木为生，却能够化腐朽为神奇，将营腐生生活汲取的营养转化成了治病的有用成分。《神农本草经》记载，青芝（云芝）“酸，平，无毒”，可“明目，补肝气，安精魂，仁恕”；青芝同其他五六种灵芝的功效相同，均可“久食轻身不老，延年神仙”。“采芝何处未归来，白云遍地无人扫”，描绘的正是古人对采芝服芝以追求长生不老的渴望。其后，《千金翼方》《大观经史证类备急本草》《证类本草》及《本草纲目》中对青芝的药用价值均有相似的记载。

在 2005 版《中华人民共和国药典》中，云芝已被收录，其功效记载为“云芝，味甘、平。归心、脾、肝、肾经”。在 2010 版《中华人民共和国药典》中，云芝的功效记载为“健脾利湿，清热解毒。用于湿热黄疸，胁痛，纳差，倦怠乏力”。中华传统医学实践证实，长期食用云芝能增强人体自身免疫能力，有助睡眠，强化肝脏机能，促进人体正常的新陈代谢。

现代医学研究发现，云芝中主要活性成分为云芝多糖。云芝多糖具有免疫调节功能，是良好的免疫增强剂，对慢性支气管炎、慢性活动性肝炎等也都有较好的疗效。除云芝多糖外，云芝所含其他化学成分也比较多，包括糖肽、蛋白质、水溶性无机盐、氨基酸等物质。其中，云芝糖肽是从云芝菌丝体中提取出来的一种高分子糖肽聚合物，多糖含量约为60%，肽的含量约30%，易溶于水且性质稳定。研究表明，云芝糖肽有提高机体免疫、抗肿瘤、保护肝脏、降血脂等多种生理活性作用，目前已被临床用于治疗癌症、肝炎、高脂血症、慢性支气管炎等疾病，是一种应用广泛、安全无毒、潜力巨大的中药活性成分。

目前，云芝入药的产品有云芝饮片、云芝肝泰胶囊、参芪云芝颗粒、云芝糖肽胶囊等，在人类健康事业中发挥了积极的作用。

多彩的蜡伞

墨线识图

【拉丁名】*Hygrophorus erubescens*（Fr.）Fr.

【中文名】变红蜡伞

【分类地位】伞菌目 Agaricales 蜡伞科 Hygrophoraceae 蜡伞属 *Hygrophorus*

【生态习性】夏秋季节群生于林中地上。

【资源价值】可食用。

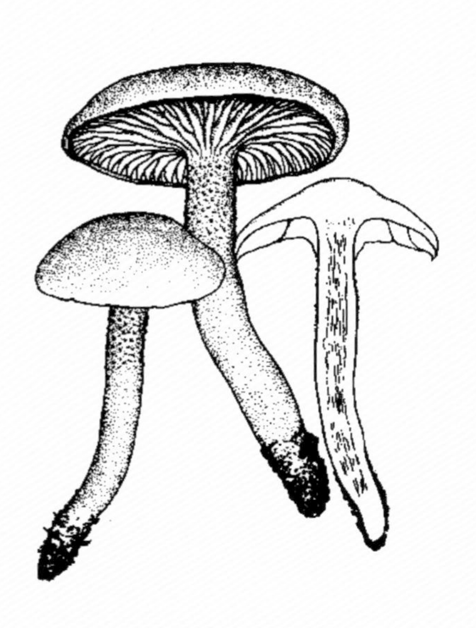

林间腐叶尽化去
蘑菇立立向日来

停电的夜晚，点上一根根蜡烛，光明立刻会充满我们的双眼，这是大家都不会陌生的画面。那么蜡是什么？

蜡是一种化学物质，可以是动物、植物所产生的，也可以是石油、煤、油页岩中所含的油质。常温下，蜡多为固体，具有可塑性，能燃烧，易熔化，不溶于水，如蜂蜡、白蜡、石蜡等。我们所熟悉的植物中，比如苹果表皮、夹竹桃叶子、漆树种子，都有光滑的蜡质，对植物体可起到保护的作用。

无独有偶，在真菌的世界里，有的菌类看上去厚实而带蜡质。蜡伞科便是伞菌中这样一类特别的类群，其主要的特征便是大多数蜡伞科成员菌盖呈蜡质，菌褶厚、稀疏、蜡质。蜡伞科主要两个子类群是蜡伞属和湿伞属。其中，蜡伞属成员大多颜色暗淡、与树木形成菌根，而湿伞属成员大多色彩艳丽和营腐生生活。

让我们一起来领略湿伞属色彩丰富的大型真菌种类。

朱红湿伞[1]虽然菌盖不大，直径1 ~ 4厘米，菌柄长3 ~ 5厘米，但是当其艳丽的、朱红色或红棕色的子实体在林中地上或草地上出现的时候，总是能在一瞬间吸引人们的眼球。细看其菌盖，形态为扁半球形或钝圆锥形，中部略微突起，看上去近似光滑但摸上去不会粘手；个别子实体的菌盖还具有一些不太容易被看到的细微鳞片；

1　朱红湿伞学名 *Hygrocybe miniata*（Fr.）P. Kumm.，中文别名小红湿伞、朱红蜡伞，隶属于伞菌目 Agaricales 蜡伞科 Hygrophoraceae 湿伞属 *Hygrocybe*。

朱红湿伞艳丽的子实体

随着子实体慢慢发育成熟，菌盖会逐渐展开至平展。菌盖下面是稀疏但较为厚实的菌褶，浅黄色并带有明显的蜡质；菌褶不等长，长菌褶连接到菌柄上并略有下延；菌柄颜色和菌盖基本一致，基部颜色通常变淡；菌柄外形为圆柱形或有时为扁圆柱形，初期为实心，后期逐渐空心，表面光滑，质地较脆，容易断折。

朱红湿伞从春季到秋季都能够生长，散生或成群生长，据资料记载可以食用；但因其子实体较小且含水性较弱，食用价值并不显著，同时由于其鲜艳的颜色容易让人心生畏惧，基本上无人会采食朱红湿伞。

湿伞科真菌另一种引人注目的颜色是绿色。青绿湿伞[1]绿黄相间的子实体也像朱红湿伞一样让人过目不忘。青绿湿伞同样也是一种很小的菌类，菌盖直径仅 0.5 ~ 3.5 厘米，外形为斗笠状至平展，初期为绿色，后期会慢慢褪色或变为黄色；菌盖下面的菌褶也较为稀疏和厚实，带黄白色或黄绿色。青绿湿伞的菌柄长度通常也不超过 5 厘米，通常上部绿色而下部带黄色，有的会完全变为黄色。

青绿湿伞明亮的绿色表层并不是因叶绿体和叶绿素的存在而形成，其表层有一种未知的天然绿色色素。青绿湿伞最引人注意的并不仅仅是其黄绿相间的外表，还有其子实体表面那一层滑滑的黏液，

---

1 青绿湿伞学名 *Hygrocybe psittacina*（Schaeff.）P. Kumm.，中文别名青绿蜡伞，隶属于伞菌目 Agaricales 蜡伞科 Hygrophoraceae 湿伞属 *Hygrocybe*。

青绿湿伞黏滑的子实体

就像一薄层胶水覆盖在其菌盖和菌柄的表面。

如果将青绿湿伞绿色黏滑的子实体当作果冻食用，那你可能会有麻烦！有研究表明，青绿湿伞有较弱的毒性，含有神经精神型毒素——脱磷酸裸盖菇素；虽然有资料记载该菌可以食用，但建议还是不要轻易食用为好。

湿伞属另一种色彩艳丽的大型真菌还是一位鼎鼎有名的“变色龙”，它就是变黑湿伞[1]，顾名思义，它的子实体会变成黑色。在没

1 变黑湿伞学名 *Hygrocybe conica*（Schaeff.）P. Kumm.，中文别名锥形蜡伞、锥形湿伞，隶属于伞菌目 Agaricales 蜡伞科 Hygrophoraceae 湿伞属 *Hygrocybe*。

变黑湿伞多彩的一生

有完成变色之前，变黑湿伞的子实体也是鲜艳的红棕色或橙红色。

变黑湿伞又名锥形湿伞，得名于其幼年时期圆锥形的菌盖，随着子实体慢慢长大，其菌盖也逐渐变得平展，但中央往往会形成一个锥形突起；菌盖幼年时期也有一点黏滑，但会很快变干，同时外表皮发生破裂形成纤维状的茸毛，成熟子实体的菌盖边缘也会破裂甚至上翘。变黑湿伞的菌褶是离生的，不会和菌柄连接起来，相对前面两种湿伞属真菌，它的菌褶稍密，也要略微薄一些，初期是污白色或橙黄色，后面也会慢慢变成黑色，菌褶边缘有时为锯齿状。菌柄是空心、圆柱形的，主要带黄色，看上去有平行的纵向条纹，常常扭曲，在子实体发育过程中会慢慢变为黑色丝状条纹。

变黑湿伞的个头比朱红湿伞和青绿湿伞要大一些，菌盖直径可达 7 厘米，菌柄长度可达 13 厘米。子实体相对较脆，受伤容易折断，且伤口处也会变为黑色。纵观它的一生，虽然一开始身披着朱红湿伞一样的红色“礼服”，但慢慢地会被“镶”上根根黑丝，最终全部变为“焦炭”一样的黑色。这样的菌类，很难让人把它和美味的食用菌联系起来。诚然，变黑湿伞是一种有毒的蘑菇，而且毒性潜伏期较长，毒性发作时会引起剧烈吐泻、休克等类似霍乱的症状，甚至因脱水而休克死亡，所以千万不能误食。

蜡伞科真菌色彩鲜艳固然会吸引眼球，但能否食用确应区别对待，在不熟悉的情况下，千万不要盲目尝试食用，以避免发生食用野生菌中毒的情况。

它不是黑木耳

墨线识图

【拉丁名】*Exidia glandulosa*（Bull.）Fr.

【中文名】黑胶耳

【中文别名】黑耳

【分类地位】木耳目 Auriculariales 木耳科 Auriculariaceae 黑耳属 *Exidia*

【生态习性】夏秋季节群生于阔叶树倒木或朽木上。

【资源价值】记载有毒。

真假李逵一相逢

毒耳现形难逞凶

回暖的春天到微凉的秋天，一场细雨润泽万物的生长，然而一片欣欣向荣的森林之中，枯朽或倒下的树木正走向腐烂。这并不是生命的终结，这是另一个生命故事的开始，也是另一场生长的狂欢。腐朽的树段上，我们熟悉的餐桌美食——黑木耳会如雨后春笋一般，丛丛涌现。此时若提着一个篮子走进森林找寻，必定大有收获。

黑木耳[1]，又名木耳、细木耳、黑耳子。新鲜的黑木耳群生或丛生于腐木上，单个子实体常为浅圆盘形、耳状或不规则形，呈柔软的胶质状，软软Q弹，让人忍不住想要上前去捏上一把。黑木耳干时会收缩，角质化。

黑木耳在我国的采食利用历史非常久远，又称木耳、木蛾、树鸡、木机、云耳等。关于黑木耳的文字记载，《礼记》中有“食所加庶，羞有芝栭”，这里的“栭”就是指包括黑木耳在内的蘑菇和耳状真菌。我国现存最早的一部完整的农书《齐民要术》中，后魏末期的农学家贾思勰已经介绍了有关黑木耳的烹调食用方法：“木耳菹：取枣、桑、榆、柳树边生，犹软湿者。……煮五沸，去腥汁，出，置冷水中，净洮。又著酢浆水中洗出，细缕切讫。胡荽、葱白，少着，取香而已。下豉汁，酱清及酢，调和适口。下姜，椒末，甚滑美。”

1　黑木耳学名 *Auricularia heimuer* F. Wu, B.K. Cui & Y.C. Dai，隶属于木耳目 Auriculariales 木耳科 Auriculariaceae 木耳属 *Auricularia*。

新鲜的黑木耳

逐渐失水变黑的黑木耳

对于黑木耳的种植历史，早在苏恭的《唐本草注》中记载："桑、槐、楮、榆、柳，此为五木耳……煮浆粥安诸木上，以草覆之，即生蕈尔。"这便是关于种植木耳的早期记录。元代王祯在《农书》中也有"今深山穷谷之民，以此带耕……"的记录，说明我们的祖先早已熟悉了木耳的生长生活习性，并研究和实践了黑木耳的栽培方法，成为山林地区人民的一个重要生产内容。

对于黑木耳的食药用价值，在众多医药典籍中也有较为详细的记录。《神农本草经》将其列为中品，记载木耳可"益气不饥，轻身强志"，说明黑木耳有强身健体的价值。至于具体的治疗病症，宋朝刘涓子在《鬼遗方》中记载"木耳粥治痔"；元代吴瑞在《日用本草》中记载黑木耳可以"治肠澼下血，又凉血"；明代药物学家李时珍在《本草纲目》中明确指出木耳可"治痔"，收录了黑木耳治疗"崩中漏下""血痢下血""新久泻痢""血注脚疮"等症的各家药方；清代吴仪洛在《本草从新》中也论述木耳"利五脏，宜肠胃，治五痔及一切血症"。上述记载表明，食用黑木耳有助于肠胃健康，尤其对于治疗痔疮有良好疗效。

近代医学研究发现，黑木耳含有丰富的多糖、蛋白质，而基本不含脂类；木耳多糖成分有甘露聚糖、甘露糖、葡萄糖、木糖、葡萄醛糖等；黑木耳中含有异亮氨酸、亮氨酸、赖氨酸、苯丙氨酸、蛋氨酸、苏氨酸、缬氨酸等人体必需的多种氨基酸。除治疗肠胃疾病外，木耳可治寒湿性腰腿疼痛；治产后虚弱、抽筋麻木等症；可

初期瘤状的黑胶耳

以减低人体血小板凝结，对心脏冠状动脉疾病有预防作用。此外，黑木耳还有抗血栓、降血脂、抗辐射的功效。

可以看出，黑木耳具有非常重要的价值。除栽培的黑木耳外，在野外准确采食黑木耳尤为重要，因为在众多山珍中，还隐藏着一只“黑手”，它就是和黑木耳相似的有毒菌——黑胶耳。

黑胶耳的子实体通常成群生长，呈稍硬的胶质状。初期黑胶耳为瘤状突起，表面灰黑色至微褐黑色，随着生长，子实体会扩展贴生并彼此连合，表面有同色小疣点突起；子实体干后，黑胶耳为黑色的膜状薄层。黑胶耳习性与黑木耳极为相似，均于春秋季的雨后，

后期扩展相连的黑胶耳

生长在阔叶树的枯干或断木上，且分布地也多有重合，在我国南北方均有分布。

虽然黑胶耳和黑木耳很相似，也都长在枯枝上，但只要你用心仔细观察，很容易看出二者之间的明显差异。黑木耳的外形更像耳朵，多为黄褐色和黑褐色的半透明状，两面都比较光滑，干后为立体的耳片状；黑胶耳起初为不规则的瘤状，慢慢会扩展平贴着树干表面生长连成一个整体，表面并不光滑，有许多小疣点，干后为紧贴树枝的黑色薄膜状。

黑木耳可食，但黑胶耳却是名副其实的“毒姐妹”！误食黑胶耳会产生恶心、呕吐等症状。因此，雨后进入森林寻找黑木耳的人们，可不要认错了自己的食物，否则寻到的就不是美味的山珍，而是催吐的毒药。当然，也不要因为有黑胶耳这样的毒蘑菇存在，就不敢食用黑木耳了。真假李逵不难分辨，全靠你明亮的眼睛！

松球果上的挖耳勺

墨线识图

【拉丁名】*Auriscalpium vulgare* Gray

【中文名】耳匙菌

【分类地位】红菇目 Russulales 耳匙菌科 Auriscalpiaceae 耳匙菌属 *Auriscalpium*

【生态习性】夏秋季节单生或群生于松科树木球果上。

【资源价值】食毒不明。

松球落地更复生
只只耳匙斜长成

生长在马尾松球果上的东方耳匙菌

当秋日的风掠过松林，熟透的松果球如同一个个小炮弹砸向地面，掉落在层层松针之上。倘若松林下的土地是自然的耳朵，松果球掉落的时候，必然会让“耳朵”泛起阵阵痒意吧。人的耳朵痒了，人们能拿出耳匙，掏掏外耳道，清理耳中的耵聍。大自然的“耳朵”痒了，又该如何呢？无独有偶，大自然也有自己的“耳匙”——耳匙菌。

耳匙菌类常于夏秋生长于马尾松等针叶树的松果球上，分解木质纤维导致球果腐烂，为自然的“耳朵”止痒。然而，耳匙菌名字的由来却不是人们对其作用的联想，而是源于它与人类耳匙外形的相似。耳匙菌整体与掏耳朵用的挖耳勺非常相似，故而得名。

耳匙菌属的东方耳匙菌[1]子实体呈革质，柔韧且全体被粗茸毛，有单生也有群生。细看其子实体，菌盖较为扁平，常呈扇形或至近圆形，菌盖表面为红褐色（初期）至暗褐色。菌柄与菌盖颜色相同，常生长在菌盖的一侧，也有生长在菌盖中央的情况；有时候有的耳匙菌还会分支，一个菌体上产生 2 个甚至多个菌盖；菌柄有直立的，也有弯曲的，其上部充实，下部松软、支持力较弱，有时平贴于松球果上生长。

东方耳匙菌菌盖腹面的子实层体呈密集生长的针刺状菌刺，细密而有锐度。这与伞菌菌盖下面片层状的菌褶以及多孔菌类和牛肝菌类菌盖下面菌管有着很大的区别。菌刺新鲜时为浅褐色，质地稍脆，容易在外力作用下发生断折。

秋季的雨后，成熟掉落的松果球，因为内外松鳞吸水性的不同，散开的鳞片又会合拢。当耳匙菌类从松果球上长出子实体，仿佛是松果球为自己撑上了一把“小雨伞”。虽然松果球的小雨伞——耳匙菌类如此可爱，但也只可远观或亵玩，而不可食用焉，实在可惜。

然而，掉落的松果球上不只有耳匙菌类在辛勤“工作着”，它的“同事”球果伞类与它相互协作，共同把完整的球果完全分解，回归到大自然当中去，供植物进行新一轮的生长、繁衍、传播和演化。

1　东方耳匙菌学名 *Auriscalpium orientale* P.M. Wang & Zhu L. Yang，隶属于红菇目 Russulales 耳匙菌科 Auriscalpiaceae 耳匙菌属 *Auriscalpium*。

耳匙菌菌盖的正面和腹面观

生长在华山松球果上的球果伞属真菌

球果伞属 *Strobilurus* 的真菌是小至中等大的伞形大型真菌，直径为 1 ~ 3 厘米，菌盖扁平或平展，通常为灰白色或白色。它和耳匙菌不同之处在于，其菌柄中生，子实层体排列成菌褶，子实体是肉质且可以食用的。它们既能够像耳匙菌类一样，将球果瓦解、分散归还给大自然，也能够为人类的餐桌增添一分风味，是大自然给我们人类一份美好的馈赠！

生态杀虫我最行

墨线识图

【拉丁名】*Cordyceps martialis* Speg.

【中文名】珊瑚虫草

【分类地位】肉座菌目 Hypocreales 虫草科 Cordycipitaceae 虫草菌属 *Cordyceps*

【生态习性】生长于埋在土中的鳞翅目昆虫的蛹上。

【资源价值】可供药用。

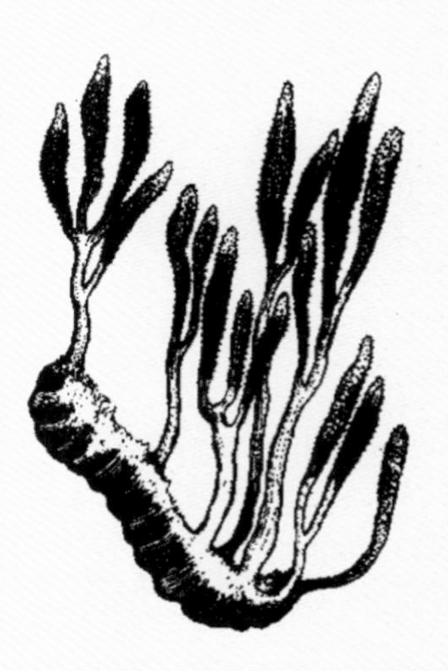

时虫时草化不停
出没山间见真形

冬虫夏草是众多虫草类真菌的一种。众所周知，冬虫夏草[1]是我国传统名贵药材之一，具有悠久的药用历史和食用价值，与人参、鹿茸并称为“中国三宝”。

在没有真正揭开虫草的“神秘面纱”之前，人们对虫草的认识有动物化植物、菌虫互化等多种形式。冬虫夏草是“虫”也是“草”吗?

清代尼玛查的史料笔记《七椿园西域闻见录》云:“夏草冬虫……夏则叶歧出类韭。根如朽木，凌冬叶干，则根蠕动化为虫。”徐昆的志怪集《柳崖外编》云：“冬则为虫，夏则为草，虫形似蚕，色微黄，草形似韭，叶较细。”两书都记载了菌虫互变，都把冬虫夏草子实体描写成韭叶状，其实说的是冬虫夏草的菌核和子座[2]形态。“冬虫夏草”即冬天是“虫”，菌丝布满虫体形成菌核；夏天是“草”，虫体外长出子座，为产生孢子的结构。

19世纪，家蚕白僵病在法国和意大利肆虐，蚕业濒危；1834年，意大利微生物学家Bassi（巴希）发现家蚕白僵病是家蚕感染了球孢白僵菌[3]导致的，只要清除僵蚕便可防治白僵病的流行，这一发现不

1　冬虫夏草学名 *Ophiocordyceps sinensis*（Berk.），隶属于线虫草科 Ophiocordycipitaceae 线虫草属 *Ophiocordyceps*。

2　菌核是由菌丝聚集和黏附而形成的一种休眠体，同时也是糖类和脂类等营养物质的储藏体。子座是由有隔菌丝体生长到一定时期产生的紧密的菌丝聚集体，或是菌丝体与寄主组织或基物结合有规律或无规律地膨大而形成的结实的团块状组织。

3　球孢白僵菌学名 *Beauveria bassiana*（Bals.-Criv.）Vuill.，隶属于肉座菌目 Hypocreales 虫草菌科 Cordycipitaceae 白僵菌属 *Beauveria*。

仅挽救了法国和意大利的蚕业，也明确了虫草类真菌和寄主这两种生物之间的寄生或致病关系。此后，人们逐渐意识到，从家蚕到僵蚕、从蝉到蝉花，动物不是“化”而是“灭”——为菌所灭，为菌所取代。中国本草古籍中先后记载了三种虫草：白僵蚕、蝉花和冬虫夏草，如在《神农本草经》中记载白僵蚕是蚕宝宝被球孢白僵菌感染后形成的“僵尸”。

不同的虫草有不同的形态，真菌所寄生的昆虫也不同。比如冬虫夏草是真菌感染蝙蝠蛾幼虫使其僵化死亡，形成“冬虫”，到了夏天，真菌再从虫体头部长出棒状的菌体，形成“夏草”。

再举几个常见的虫草类真菌的例子。

下垂线虫草[1]，子座单生，偶见 2 ~ 3 根，秋季从半翅目椿科昆虫成虫胸侧长出（因此也叫椿象虫草），地上部分长 3 ~ 13 厘米，分为头部、柄部；头部新鲜时橙红色或橙黄色，随着成熟逐渐褪至黄色，最终呈浅黄色，老熟后下垂；菌柄 3 ~ 10 厘米，不规则弯曲，纤维状肉质，黑色至黑褐色，带金属光泽，外皮与内部组织间有间隙，内部白色。蜂头线虫草[2]，子座由蜂成虫胸部长出，偶可从同一虫体长出两根子座，头部（可育部分）明显膨大，卵形、椭圆形至橄榄形，

1　下垂线虫草学名 *Ophiocordyceps nutans*（Pat.）G.H. Sung，隶属于肉座菌目 Hypocreales 线虫草科 Ophiocordycipitaceae 线虫草属 *Ophiocordyceps*。

2　蜂头线虫草学名 *Ophiocordyceps sphecocephala*（Klotzsch ex Berk.）G.H. Sung，隶属于肉座菌目 Hypocreales 线虫草科 Ophiocordycipitaceae 线虫草属 *Ophiocordyceps*。

黄色至橙黄色；菌柄长 5 ~ 12 厘米，常弯曲，淡黄色至橙黄色或黄褐色，有的老时呈黄白色，分布于华南、华中等地区。

下垂线虫草

蜂头线虫草

蟋蟀虫草[1]，又名蟋蟀草，夏季寄生于林下蟋蟀科昆虫的成虫，子座单生或群生，长 2 ~ 5 厘米，中空，新鲜时黄色，干后灰黄色；柄圆柱形，多弯曲，直径 0.1 ~ 0.2 厘米；头部棒形或近圆柱形，长 1 ~ 2 厘米，直径 0.2 ~ 0.3 厘米，顶端钝，产于海南、福建等地。

除了寄生在椿类、蜂类和蟋蟀虫体上的虫草真菌外，还有分布于华南、东北等地区的蜻蜓线虫草[2]和分布于东北、华中、华南等地

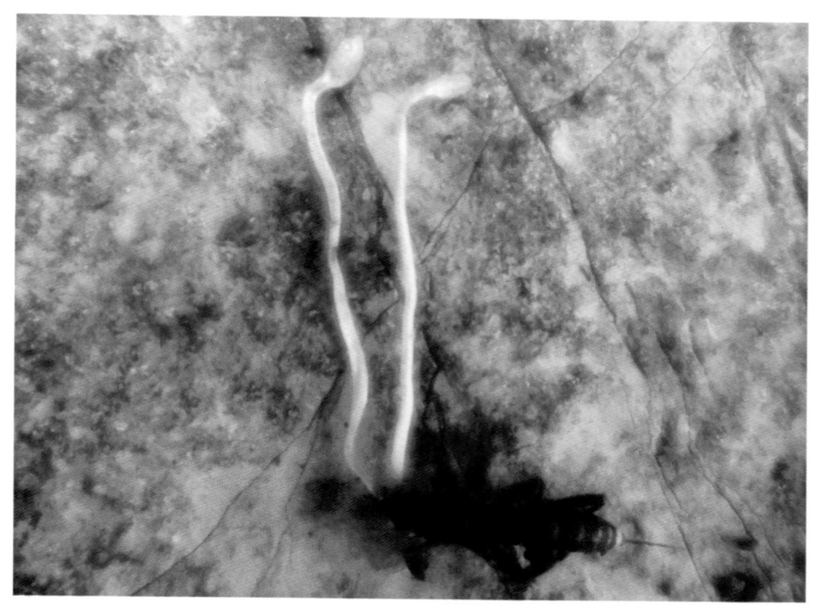

蟋蟀虫草

---

1 蟋蟀虫草学名 *Cordyceps grylli* Teng，隶属于肉座菌目 Hypocreales 虫草科 Cordycipitaceae 虫草菌属 *Cordyceps*。

2 蜻蜓线虫草学名 *Ophiocordyceps odonatae* （Kobayasi）G.H. Sung，隶属于肉座菌目 Hypocreales 线虫草科 Ophiocordycipitaceae 线虫草属 *Ophiocordyceps*。

区的蚂蚁线虫草[1]等。

有的虫草类真菌寄生在虫体上能产生虫草素、虫草多糖等对人类有益的物质。科学研究表明，蛹虫草是冬虫夏草最好的平替。日常生活中，蛹虫草的身影常出现在各大超市。早在1951年，德国学者Cuninghum就在蛹虫草中发现了虫草素及其抗菌、抗炎、抗病毒、抗肿瘤和免疫调节等多种药理活性；王成树研究团队发现，蛹虫草在合成虫草素时也能合成喷司他丁这种物质来保护虫草素的结构稳定性，且两者都具有抗癌作用；2021年，牛津大学与NuCana公司合作发现，虫草素经化学修饰后在体外及一期临床试验中抗癌效果是原虫草素的40倍，而毒副作用很小。

有的虫草菌还能作为害虫的“生态杀手”，因此虫草的应用很广泛。虫草，作为昆虫病原真菌，多年来在害虫生物防治中发挥着重要作用，妥妥的“生态杀虫小能手”！1879年，俄国微生物学家、诺贝尔奖得主Metchnikoff在敖德萨麦田里施用他培育出的金龟子绿僵菌，取得防治奥地利金龟子的成功，从而拉开了微生物防治害虫的序幕。正是虫草类真菌寄生于昆虫的这一特征，使真菌杀虫剂成为虫草菌的独家戏，特别是寄主范围极广的球孢白僵菌，19世纪80—90年代在美国被大量生产用于防治麦长蝽等多种农田害虫，

---

1 蚂蚁线虫草学名*Ophiocordyceps myrmecophila*（Ces.）G.H. Sung，隶属于肉座菌目Hypocreales线虫草科Ophiocordycipitaceae线虫草属*Ophiocordyceps*。

推动了真菌杀虫剂的大量使用，使之成为现代害虫综合治理的重要手段，并在20世纪中后期形成重要产业。我国从20世纪50年代开始研究使用球孢白僵菌和金龟子绿僵菌等虫草生产真菌杀虫剂，20世纪70年代以后发展迅速，20世纪80年代白僵菌产量和应用面积跃居世界之首，主要用于防治南方的森林害虫马尾松毛虫和东北的农田害虫玉米螟，而绿僵菌主要在西北地区和内蒙古用于治蝗。几乎与此同时，在美国著名昆虫病理学家Roberts的指导下，巴西的金龟子绿僵菌杀虫剂也发展很快，使用与中国相似的固体发酵技术大量生产，产量和应用面积也居世界之冠，用于对甘蔗田和牧场的沫蝉进行防治。

相信随着研究的深入，虫草类药物在不久的将来将能更精准地应用到害虫的生物防治中去。

三公斧法，木生香菇

墨线识图

【拉丁名】*Lentinula edodes*（Berk.）Pegler

【中文名】香菇

【中文别名】香蕈、香菰、花菇

【分类地位】蘑菇目 Agaricales 类脐菇科 Omphalotaceae 木菇属 *Lentinula*

【生态习性】秋季单生、散生于阔叶树倒木上。

【资源价值】美味的食药用真菌。

枯木轻沾阳春雨
生就香蕈美食材

清晨，当空旷的街道开始变得喧闹，匆忙的路人在早餐铺买上三两个包子，咬上一口，细碎的香菇和着肉馅，抚慰饥饿的五脏庙。中午时分，简单的一道香菇炒青菜，就已是色香味俱全。当夜幕降临，暖黄的路灯一座座亮起，晚风宣告一天的工作结束。此时，一碗清甜鲜香的香菇炖鸡，是给自己的最好奖励。香菇不仅出现在人们早中晚的食单上，在饮品、调料等领域，也能够看到它的踪迹。喝有香菇茶与酒，调味少不了香菇鸡精和酱油，不论拌饭或喝粥，香菇酱都是最好的增味帮手。

香菇，又称香蕈、花菇、香菰等，子实体单生、群生或丛生在枯木上。香菇的肉质菌盖呈扁半球形，后渐平展，有茶褐色、紫褐色或黑褐色。香菇的菌肉较厚，白色肉质，是香菇作为食材的重要因素。香菇的菌褶是白色的，产生的孢子也是白色的。其菌柄呈半肉质至纤维质，常中生或偏生，表面覆盖有绒毛。香菇常在冬春季生于壳斗科、桦木科、金缕梅科等200多种阔叶树的枯木、倒木或菇场段木上，多分布于陕西、安徽、江苏、浙江、福建、江西、湖北、湖南、广东、广西、云南、贵州、四川、台湾等地。

和栽培的香菇相比，野生香菇的菌肉相对较薄。有些栽培的香菇，不仅菌肉较厚，在人为控制条件的情况下，还会形成菌盖覆有龟甲状裂纹的子实体，也被称为花菇。通过在人工控制条件下对影响花菇形成的有关因子的研究表明，花菇的形成并非某一品种固有的遗传特性，其关键的环境因子是湿度。培养料的含水量低于一定

野生香菇及其生境

值和空气相对湿度高于一定值时都难以形成花菇，只有昼夜温差的变化能促进花菇形成。夜间气温低，菌盖表面细胞处于休眠状态，而菌肉内部细胞仍可继续分裂，当白天气温回升，菌肉细胞分裂加快，但菌盖表面细胞仍因空气相对湿度降低而分裂较慢，历经 4 ~ 5 天或更长时间，昼夜温差达 10 ℃以上，使菌肉细胞分裂速度一直超越菌盖表面细胞分裂速度，二者分裂速度不同步，结果犹如“皮包不住馅”，从而使盖面裂开成纹，形成花菇。

香菇进入人们生活可不是如今才有的。相传宋时有一人，名吴显（又称吴三公），居深山密林时以打猎和采集野生菌蕈为生，偶然发现菇木上有刀口的地方香菇长得尤为旺盛，且多砍多出、乱砍乱出、不砍不出，就此逐渐掌握了栽培香菇的方法。其间也有砍多时而不出的情况，吴三公失望之际，发声长叹，用斧头猛击树干，却不料数日之后，遍树出菇，由此领悟了击木催菇的方法。其原理在于通过“敲”这个动作，刺激菌丝萌发，从而促进香菇发生。这就是“砍花”“惊蕈”法栽培香菇的由来。古代的菇农们对吴三公心存感恩，为纪念其功绩和铭记其恩德，人们自发兴建起了“灵显庙”，并将吴三公供奉为“菇神”。

1209年（宋嘉定二年）龙泉人何澹作第一部《龙泉县志》，记录下了砍花法栽培和惊蕈的文字：“香蕈，惟深山至阴之处有之。……先就深山下砍倒仆地，用斧班驳锉木皮上，候淹湿，经二年始间出。至第三年，蕈乃偏出。每经立春，地气发泄，雷雨震动，则交出木上，始采取……至秋冬之交，再用偏木敲击。其蕈间出，名曰惊蕈……”后来，经过菇农的长期实践，在王祯《农书·菌子篇》问世之前，就已形成了选场、选树、砍花、遮衣、开衣、惊蕈等较为完整的香菇栽培技术。在此之后，历朝历代多有关于香菇的相关记载。而到如今，经过人民的长期实践，香菇栽培有了砍花栽培法、椴木栽培法和菌块栽培法等方法，成为日常老百姓餐桌上的美味佳肴。

红柄香菇

翘鳞香菇

在野外，还有两种生长在枯木上的“香菇”，不仅有淡淡的香味，还可食用。一是红柄香菇[1]，红柄香菇菌盖近漏斗状，颜色更为鲜艳，表面淡黄色至橙黄色、黄褐色，菌盖下面的菌褶呈放射状，部分为二叉状分支，延生到菌柄上，菌柄短，基部逐渐变红；二是翘鳞香菇[2]，其菌盖颜色浅，常呈灰白、淡黄或微褐色，中部常下凹，有白色至灰白色上翘的鳞片，多呈同心圆环状排列，菌柄颜色和菌盖相同，也密布有上翘的鳞片。红柄香菇和翘鳞香菇二者在幼时均可食用，老后逐渐木质化，类似香菇菌柄，不堪食用。

三种“香菇”虽然属于不同的类群，但是都以腐木为生而化作人间美味，是真正的“化腐朽为神奇”。

---

1 红柄香菇也称为红柄新棱孔菌，学名 *Neofavolus suavissimus*（Fr.）Seelan, Justo & Hibbett，隶属于多孔菌目 Polyporales 多孔菌科 Polyporaceae 新棱孔菌属 *Neofavolus*。

2 翘鳞香菇也称为翘鳞韧伞，学名 *Lentinus squarrosulus* Mont.，隶属于多孔菌目 Polyporales 多孔菌科 Polyporaceae 韧伞属 *Lentinus*。

充血的银耳

墨线识图

【拉丁名】*Phaeotremella foliacea* （Pers.） Wedin, J.C. Zamora & Millanes

【中文名】茶色银耳

【中文别名】茶暗银耳

【分类地位】银耳目 Tremellales 暗银耳科 Phaeotremellaceae 暗银耳属 *Phaeotremella*

【生态习性】夏秋季阔叶树腐木上。

【资源价值】食用。

玉肌笼雪满枝椏
苍花万千任君采

日常生活中，人们常用银耳制作银耳茶或银耳羹，滋阴润肺，养胃生津。银耳羹，一道美味又营养的美食，既能满足人们对美食的需求，还能美容养颜。如果现在有一碗银耳羹摆在面前，你能想到些什么？对这一润肤养颜的佳品，你知道多少？

银耳属真菌作为药食同源真菌，有"菌中之冠"的美称。传统中医认为，银耳性平，味甘淡，无毒，具有滋阴益气、养胃润肺、补脑强心、抗癌防衰等功效，是虚劳咳嗽、痰中带血、老年慢性支气管炎、肺结核、肺源性心脏病、虚热口渴、癌症等患者理想的康复保健食品。《本草诗解药性注》记载："此物有麦冬之润而无其寒，有玉竹之甘而无其腻，诚润肺滋阴之要品。"民间常用银耳炖雪梨治疗咳嗽；银耳桂圆汤治疗虚劳咳嗽、虚烦失眠，效果都很好。营养成分分析结果表明，银耳属真菌富含蛋白质、维生素、矿物质等多种营养物质，如银耳[1]蛋白质中有17种氨基酸，而人体必需的8种氨基酸中，银耳有7种。银耳属真菌的银耳多糖还有乳化稳定作用，可以代替部分乳化剂、增稠剂等食品添加剂应用于食品加工中；银耳还能提高肝脏解毒能力，增强机体抗肿瘤的免疫能力，增强肿瘤患者对放疗和化疗的耐受力，提高机体对辐射的防护能力。

1　银耳学名 *Tremella fuciformis* Berk.，隶属于银耳目 Tremellales 银耳科 Treimellaceae 银耳属 *Tremella*。

生长在枯木上的银耳

茶色银耳是银耳的近亲，也被称为茶耳、茶银耳，宛如充血的银耳一般。与银耳一样，茶耳营养物质丰富，也含有银耳多糖，具有特殊的保健作用。据《中国药用真菌》记载，茶耳在民间可用于治疗妇科病。茶耳子实体直径为 3 ~ 8 厘米，由叶状至花瓣状分枝组成，茶褐色至淡肉桂色，顶端平钝，没有凹缺，看起来就像一朵茶色的绣球花；菌肉稍胶质，呈白色。银耳在生活中十分常见，那么在哪里能见到茶色银耳呢？夏秋季时，在中国的大部分地区，茶耳往往似花朵一般，成群“开”在林中的阔叶树腐木上。远远看上去，其茶褐色、明亮的子实体恰似充血的银耳一般，格外显眼！

茶色银耳

你一定不知道，银耳菌单靠自己的力量并不能在野外“生存”。银耳菌不能单独在木质纤维素（如腐木）上生长发育形成子实体，这是为什么呢？

其实，银耳菌是一种共生菌，只有与其伴生菌生活在一起时才能发育结耳。银耳菌本身没有分解木质纤维素的能力，纯银耳菌丝无法分泌降解纤维素及木质素的 CMC 酶、β－葡萄糖苷酶和分解半纤维素的酶系，因此在木质纤维素上无法完成生活史，不能形成子实体。我国广大栽耳农民在长期生产实践中发现，在生长银耳的耳棒上总有一种名为“香灰菌”的真菌伴生着，这种伴生的香灰菌作为开路先锋具有纤维素酶和半纤维素酶，可以分解纤维素和半纤维素，为银耳菌的生长发育提供营养和能量；香灰菌和银耳菌丝间有直接接触，可以进行营养物质的交换与传递。同时，基于对银耳生长习性和生长基质的认识，耳农们会将砍伐下来的青冈椴木经过30天的充分架晒，使青冈椴木中的抗菌蛋白活性降低，才能更有利于银耳菌和香灰菌的生长。进一步研究发现，银耳与香灰菌的胞外酶具有互补作用，而且显示了极显著的协同增效作用；银耳菌的存在对伴生香灰菌的CMC酶、β-葡萄糖苷酶、HC酶和淀粉酶的活性有一定影响，表现在银耳菌子实体的生长发育对香灰菌分解纤维素具有促进作用。从这个意义上来看，银耳与香灰菌的伴生关系可以理解为营养共生。

在真菌界，共生现象不少见，真菌可以与植物、动物建立共生关系，也可以与其他真菌建立共生关系。例如，兰科菌根真菌伴随着兰科植物从种子萌发到开花结果的整个生活史，所有的兰科植物都与菌根真菌共生，尤其是天麻，其生长过程中要和蜜环菌或小菇属部分真菌共生；美味的白蚁伞属真菌与白蚁共生；地衣是藻类与真菌的共生体等。它们相互协作，共同谱写着丰富多彩的生命篇章。

狡猾的“杰克”

墨线识图

【拉丁名】*Suillus luteus*（L.）Roussel

【中文名】褐环乳牛肝菌

【分类地位】牛肝菌目 Boletales 乳牛肝菌科 Suillaceae 乳牛肝菌属 *Suillus*

【生态习性】秋冬、早春生于针阔混交林或针叶林地上。

【资源价值】记载有毒，有药用价值。

栎林菌子立千钉
朵朵香随采歌声

牛肝菌类因肉质肥厚，和牛肝性状极为相似而得名，是名贵稀有的野生食用菌。由于牛肝菌类是典型的树木共生菌类，大多数牛肝菌类真菌作为针、阔叶林的外生菌根菌，能与植物建立共生关系，保证了生态系统的稳定，而这一特征也导致目前尚无法开展牛肝菌的人工种植，因此食用的牛肝菌类均为天然生长的美味佳肴。同时，牛肝菌子实体的肉质细嫩肥厚，食用味道非常鲜美，因而备受人们的喜爱。

牛肝菌类最典型的形态特征主要为子实体肉质，外形为伞菌状，菌盖表面通常光滑，子实层体多为典型的管状（称为菌管），少数为褶状或腹菌状。

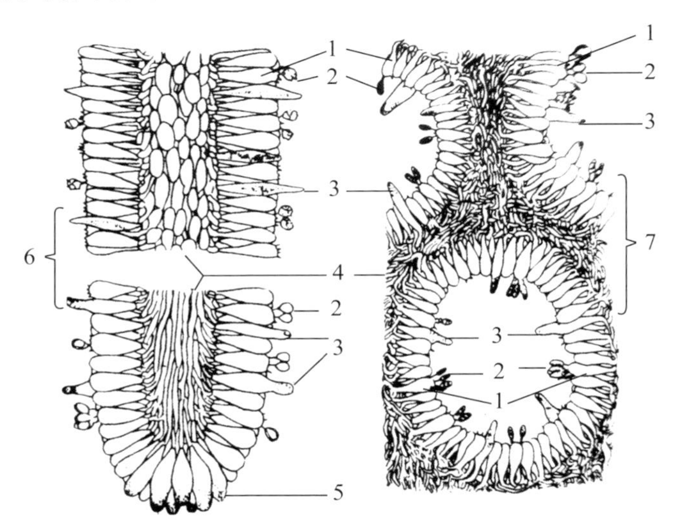

菌褶和菌管的结构特征

牛肝菌菌盖腹面观（示菌管形态）

可食用的牛肝菌类在烹饪后多为黏滑软嫩，口感非常不错。而有的牛肝菌类，即使在生长状态下也是黏滑的，比如说乳牛肝菌科的褐环乳牛肝菌，新鲜子实体的菌盖是黏性的，在湿润的情况下菌盖尤为黏滑，因而在国外被戏称为“Slippery Jack”，翻译成中文就是“滑溜溜的杰克”或“狡猾的杰克”。

从形态上来看，整个乳牛肝菌属子实体为小至中型，明显肉质化；菌盖扁半球形，半球形至平展，表面有绒毛，黏而且潮湿时极黏，菌盖颜色丰富，呈黄色、褐色至红褐色；子实层体管状，直生或近柄处凹陷，白色、黄色或污黄色，受伤时不变色或微变蓝；菌管管口为多角形；菌柄中生，圆柱形，多数具膜质菌环。

褐环乳牛肝菌又称褐环粘盖牛肝菌、黄粘团子、土色牛肝菌、黄乳牛肝菌等，在我国分布广泛。褐环乳牛肝菌菌柄十分粗短，其上有明显的菌环，菌环上表面白色，下表面紫色，是野外识别的关键特征；菌盖黏滑，呈紫褐色，表皮容易被剥离；菌盖下面菌管的管口小，呈柠檬黄色；夏末至秋季，常群生于松树林中。笔者在日本落叶松林里发现，褐环乳牛肝菌是该生境中大型真菌的重要组分之一。

褐环乳牛肝菌实用价值非常高，味道鲜美，富含多种氨基酸、维生素 B 族、粗纤维和多糖等，食用时通常会撕去滑溜溜的菌盖表

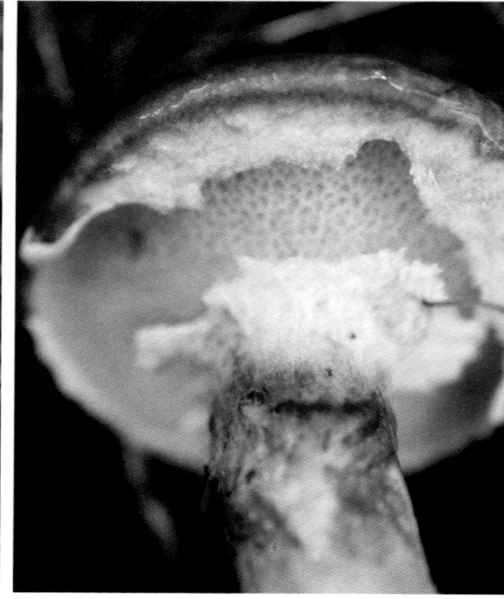

生长在日本落叶松林下的褐环乳牛肝菌

层和海绵状的菌管部分再加以烹饪；褐环乳牛肝菌还可以对土壤中的重金属起富集作用，对维持土壤中微生物群落的稳定性，增强共生植物的抗逆性有重要作用。但牛肝菌类真菌的菌丝体生长缓慢，且其中含有的大量酚类物质在菌丝体生长过程中会被氧化，造成培养基褐化从而抑制菌丝生长，所以其菌丝体分离及培养是比较困难的，因此也导致该菌无法进行人工繁殖。

在菌物学中，牛肝菌目 Boletales 隶属于担子菌门 Basidiomycota 伞菌纲 Agaricomycetes，包括牛肝菌科 Boletaceae、乳牛肝菌科 Suillaceae、铆钉菇科 Gomphidiaceae 等 17 科，种类繁多。现在在很多地方，已经形成了独特的牛肝菌食用文化，带动了当地的经济发展。实际上，牛肝菌类对人类的贡献远远不止作为食品，目前很多研究都表明了牛肝菌类不仅有良好的药用价值，具有重要的抗氧化、抗衰老、降血脂、抗肿瘤、提高人体免疫力等多种药理作用，它们还在维持生态平衡、促进植物萌发、抗病、抗逆等方面也有着举足轻重的作用。此外，还有研究显示，扬名在外的美味牛肝菌能用作色素添加剂，还能做蛋糕呢！由此看来，牛肝菌类的用途还真是广泛，可开发的潜力巨大。

但在采食牛肝菌时应当注意，有一些牛肝菌类具有毒性，误食中毒后，会出现乏力、恶心、呕吐、腹痛、腹泻等肠胃炎症状。即使可食用的牛肝菌类，未熟透也会引起相应的中毒反应。常见的毒牛肝菌有兰茂牛肝菌 *Lanmaoa asiatica*、华丽新牛肝菌 *Neoboletus*

点柄乳牛肝菌（左）和虎皮乳牛肝菌（右）

magnificus 等，会引起神经精神型中毒反应；点柄乳牛肝菌 *Suillus granulatus*、虎皮乳牛肝菌 *Suillus phylopictus* 等，会引起胃肠炎型中毒反应。

恶魔之瓮

墨线识图

【拉丁名】*Urnula craterium*（Schwein.）Fr.

【中文名】浅脚瓶盘菌

【分类地位】盘菌目 Pezizales 肉盘菌科 Sarcosomataceae 脚瓶盘菌属 *Urnula*

【生态习性】5 月自阔叶林地下腐木上长出。

【资源价值】食毒不明。

三朝春雨物化生

一瓮深藏春与秋

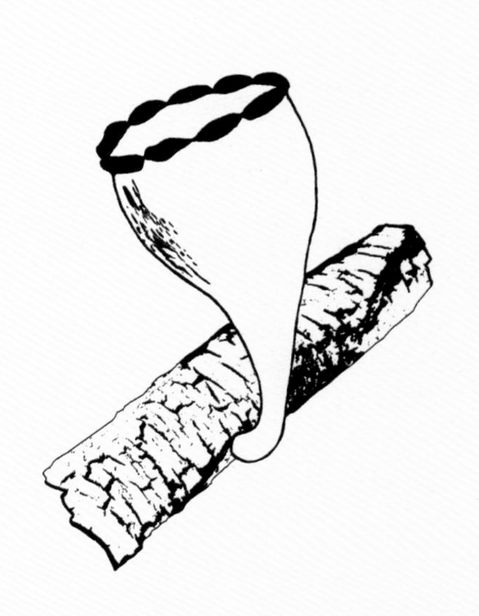

（张筠尧 绘）

瓮（wèng），从文字构成来看，是一个形声字，从瓦、公声。其形从瓦，表明这是一个和泥土制品有关的物品。东汉·许慎《说文》中记载："瓮（瓮），汲缾（瓶）也。"《广雅·释器》中注明："瓮，瓶也。"可以看出，瓮是和瓶子类似的土制物件。依据相关的文献记载，现代认为瓮是一种口小腹大的大坛子，是一种陶制的盛器；盛水的叫水瓮，装粮的叫粮瓮，腌菜的叫菜瓮，放肉的叫肉瓮……

现代作家杨芳描述："瓮，经过雨浇雪盖，烈火淬炼，由一块寂寞的黄土，被烧制师傅的慧眼发现，经拿捏、磨合，然后放入炉灶，经过高温烧，烈火烤，瓮就横空出世了。高的，矮的，大的，小的……别具一格，功能齐全。"不难想象，瓮是形态各样、大小不一的可以盛装各种物品的器皿。

在真菌世界里，深杯、浅杯、大盘、小盘……各种类似盛具的真菌也比比皆是，让人不得不感叹自然界万物化生的精妙。西南大学研究团队在阴条岭自然保护区红旗管护站发现一个重庆新分布记录的杯状大型真菌——浅脚瓶盘菌，很有意思的是该菌在国外被形象地称为"恶魔之瓮"。

从形态来看，浅脚平盘菌的子囊果[1]较大，整体高度在10厘米以上；其子囊盘为漏斗状或深杯形，具柄；以圆柱形菌柄着生在腐

---

1 子囊菌有性阶段重要的事件就是形成子囊和子囊孢子。子囊大多产生在由菌丝所形成的包被中，形成具有一定形状的子实体，称为子囊果。

有“恶魔之瓮”之称的浅脚平盘菌

木上。细看其杯口，并非水平般圆滑、整齐，其上有 8 ~ 9 个缺刻，在子囊盘开口周围留下参差不齐的卷边；两个缺刻之间是略微隆起、膨大的黑色结构，这是它的子实层，新鲜时是黑色的。子囊盘的外囊盘被为褐色，中间略微鼓起，较子囊盘的口部稍微大一点，然后渐渐缩小为狭窄的、圆柱状的柄状基部。

浅脚瓶盘菌属于肉盘菌科脚瓶盘菌属，该属真菌主要分布在北美东部、欧洲和亚洲，常生在腐烂的木头上，最初为闭合状态，看起来像棒状，随着它的成熟而打开；因其子实体为黑褐色的高脚杯状，被称为“恶魔之瓮”。

子囊菌门有很多具有类似形态的菌类，其中盘菌纲的子囊菌就

白毛小口盘菌

黄色的小孢盘菌和红色的平盘肉杯菌

是因其子囊果多为盘状或杯状而得名的，加之它们由
丝内色素富集而呈现各种颜色，比如红色、黄色、褐色、
具有一定的观赏性。在阴条岭自然保护区的野外调查中，笔
现了另外一种红色、杯状的子囊菌——白毛小口盘菌[1]，该菌主要分布于北美和亚洲部分地区，常生长于森林地面腐烂的枯木和树枝上，子囊果为红色的杯形或漏斗形，外面覆盖着一层白毛。此外，阴条岭自然保护区还分布有平盘状的子囊菌，如黄色盘状的小孢盘菌 *Acervus epispartius* 和红色盘状的平盘肉杯菌 *Sarcoscypha mesocyatha*，有比指甲盖还小、边缘长着黑色“睫毛”的红毛盾盘菌 *Scutellinia scutellata*。

相比其他盘菌而言，瓶盘菌属是不太常见的。浅脚瓶盘菌为我国瓶盘菌属中四个物种之一，该属大型真菌在国内的分布情况还不是很清楚。笔者首次在重庆发现该属真菌分布，为重庆地区大型子囊菌家族增加了新成员，也进一步丰富了阴条岭自然保护区大型真菌资源的多样性。

1　白毛小口盘菌学名 *Microstoma floccosum*（Sacc.）Raitv.，隶属于盘菌目 Pezizales 肉杯菌科 Sarcoscyphaceae 小口盘菌属 *Microstoma*。

形形色色的喇叭

墨线识图

【拉丁名】*Cantharellus cibarius* Fr.

【中文名】鸡油菌

【中文别名】杏菌

【分类地位】鸡油菌目 Cantharellales 鸡油菌科 Cantharellaceae 鸡油菌属 *Cantharellus*

【生态习性】夏秋季生林中地上，与栎、栗等形成共生菌根。

【资源价值】美味食用菌，有药用价值。

林间清香弥漫处
满地杏黄赛金花

“我通常总是思考着爱情，当我望向鸡油菌时。”

“鸡油菌并非无害，而对于我，它们是灵魂健康之敌。”

……

在诗人约瑟夫·布罗茨基的长诗《戈尔布诺夫与戈尔恰科夫》中，鸡油菌是爱情的象征，是精神的慰藉，是灵魂的救赎，但是在更多人的眼中，鸡油菌是餐桌上的美食，是治愈“馋病”的良药。鸡油菌是全球著名的野生食用菌之一，整体为白黄色至鲜艳的黄色，新鲜时与母鸡肚里板状油脂的颜色相似，同时在烹饪鸡油菌时，由于其肉质化的子实体吸油量较大，一口吃下去，便可出很多油，故得名为鸡油菌。也有人根据其颜色和独特的杏香味，形象地称之为杏黄菌或杏菌；为充分发挥这一独特口感和香味，人们将其开发为酱油、调味料、孢子发酵型饮料等食品，具有极高的食用价值和经济价值。

从外形来看，鸡油菌子实体小至中型，高 4 ~ 12 厘米；菌盖初期为扁平状，成熟后下凹呈漏斗形或喇叭状，光滑或有时被小鳞片，边缘通常呈不规则波浪形，有时局部会瓣裂开；菌盖下面的菌褶颜色和菌盖一致，且褶片状的菌褶会明显地向菌柄基部延生。

在真菌世界，类似鸡油菌的喇叭状真菌还很多，喇叭状子实体的形态和颜色也不尽相同，细细看来，还真是别具一番特色！

同属于鸡油菌科的喇叭菌属真菌就是喇叭状真菌大家庭的“佼佼者”，喇叭菌属 *Craterellus* 是分布广泛的世界性食用菌，其主要

美味的鸡油菌（引自李玉等《中国大型菌资源图鉴》）

特征是具有喇叭状（漏斗状）的中空子实体，菌盖与菌柄无明显的界限，通常成簇生长，常见的种类是金黄喇叭菌和灰喇叭菌[1]等。

金黄喇叭菌和灰喇叭菌通常于夏秋季群生或丛生于壳斗科等阔叶林地上，二者的形态较为相似，子实体都为典型的喇叭状，高度都在8厘米左右，喇叭的口部边缘不等，呈波浪状，内卷或向上延伸，近光滑和有蜡质感，中部下凹至柄部，与柄无明显分界。因此，看上去菌盖与菌柄连接成筒状，向基部方向逐渐变细。直观来看，

1　金黄喇叭菌学名 *Craterellus aureus* Berk. & M.A. Curtis，灰喇叭菌学名 *Craterellus cornucopioides*（L.）Pers.，二者均为鸡油菌目 Cantharellales 鸡油菌科 Cantharellaceae 喇叭菌属 *Craterellus* 大型真菌。

金黄喇叭菌（左）和灰喇叭菌（右）

金黄喇叭菌是鲜艳的、黄色的，而灰喇叭菌是黯淡的、灰黑色的，较大的颜色反差有时候会让人无法判断其食用性，事实上二者都是可以食用的菌类。

牛肝菌目 Boletales 铆钉菇科 Gomphaceae 的某些大型真菌也拥有典型的喇叭状子实体，如毛钉菇[1]。毛钉菇给人印象最深刻的就是其橘红色喇叭状的外形，喇叭口中央下陷直至菌柄基部，表面密密麻麻地覆盖有红色的鳞片；菌盖背面的菌褶也是向菌柄基部方向延生

1　毛钉菇又称毛陀螺菌、喇叭陀螺菌、金号角，学名 *Turbinellus floccosus*（Schwein.）Earle ex Giachini & Castellano，隶属于牛肝菌目 Boletales 毛钉菇科 Gomphaceae 陀螺菌属 *Turbinellus*。

毛钉菇

的，且菌褶不为明显的片状，而是隆起的棱脊状。菌褶和菌柄带黄白色，与菌盖上面的红色鳞片形成鲜明的对比。

在这几种喇叭状的真菌中，除毛钉菇记载有毒，不可食用外，其余三种都是可以食用的，而且鸡油菌还具有药用价值。除了能很好地治愈“馋病”外，鸡油菌在《中华本草》和《全国中草药汇编》中均有记载，实践表明鸡油菌性平、味甘，具有清肝、明目、利肺、和胃、益肠、减肥、美容和抗衰老等功效，经常食用鸡油菌可以防治因缺乏维生素 A 所引起的皮肤干燥症、角膜软化症、视力失常、眼炎、夜盲症；还可以预防某些呼吸道和消化道感染的疾病。

面对如此美味、健康的鸡油菌，你是否会垂涎三尺？

望而生畏的鹅膏菌

墨线识图

【拉丁名】*Amanita kwangsiensis* Y.C. Wang

【中文名】残托斑鹅膏

【分类地位】伞菌目 Agaricales 鹅膏科 Amanitaceae 鹅膏属 *Amanita*

【生态习性】夏秋季生于阔叶林或针阔叶混交林等林地上。

【资源价值】毒菌。

戴帽穿靴腰系裙
妖娆本是毒寡妇

可以食用的美味野生菌是每个美食爱好者无法抗拒的诱惑，但剧毒的蘑菇也会让人望而生畏。鹅膏菌就是这样一类让人既爱又恨的菌类，可食用的鹅膏菌是不可多得的美味佳肴，而毒鹅膏又会致命!

先来说说可以食用的鹅膏菌吧，最有名的莫过于大名鼎鼎的凯撒蘑菇了。凯撒蘑菇又名橙盖鹅膏[1]，其成熟的子实体大型，菌盖直径达 10 厘米甚至以上，菌柄高可达 17 厘米甚至以上。在子实体未

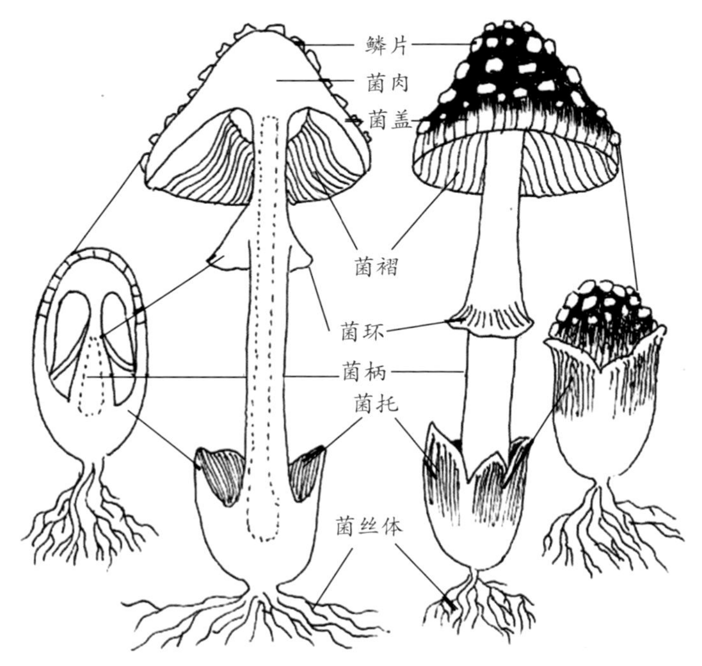

伞菌子实体的形态结构

1 橙盖鹅膏学名 *Amanita caesarea*（Scop.）Pers.，隶属于伞菌目 Agaricales 鹅膏科 Amanitaceae 鹅膏属 *Amanita*。

橙盖鹅膏（凯撒蘑菇，引自卯晓岚《中国大型真菌》）

开伞的幼期，黄白色的外菌幕[1]包裹着的菌体形状大小似鸡蛋（称为菌蕾），卵形至长椭圆形。开伞后，菌盖初期钟形，渐呈半球形，最后平展；菌盖深橘红色，有油脂状光泽，光滑，中部颜色深而周围渐淡，边缘橙色，全缘并且有明显的条纹，后期边缘会呈锯齿状。菌柄圆柱形，肉质，向上渐细，基部稍粗，橙黄色，有不规则蛇皮纹鳞片和绢丝状光泽，不平滑，内部松软。菌柄的上方具有膜质、宿存的菌环，看上去是下垂的裙状，有条纹，硫黄色。菌柄基部的

1　菌幕是指包裹在幼小子实体外面或连接在菌盖和菌柄间的那层膜状结构，前者称外菌幕，后者称内菌幕。内菌幕形成的菌环和外菌幕形成的菌托，是真菌物种鉴别的主要特征之一。

毒蝇鹅膏菌（图片来源于网络）

菌托由卵壳形的外菌幕开裂形成，白色，厚，上端裂为 3 ~ 5 瓣片，包于膨大的菌柄基部。菌褶离生，黄色，稍密，随着开伞过程其颜色逐渐变淡。

与凯撒蘑菇同样齐名的一种有毒鹅膏菌，就是名副其实的毒蝇鹅膏菌[1]。毒蝇鹅膏菌的主要特点为表面颜色多样，鲜红色或橘红色、浅黄色等，以鲜红色或橘红色最典型，菌盖表面密被白色或稍带黄

1　毒蝇鹅膏菌学名 *Amanita muscaria*（L.）Lam.，中文名又称毒蝇伞、蛤蟆菌，隶属于伞菌目 Agaricales 鹅膏科 Amanitaceae 鹅膏属 *Amanita*。

色的颗粒状鳞片；菌环宽，菌托环带状；菌褶纯白色，密，离生，不等长。菌柄较长，直立，纯白色，长 12 ~ 25 厘米，表面常有细小鳞片。和其他鹅膏菌一样，毒蝇鹅膏菌常分布在阔叶林、针叶林及针阔混交林，能够与落叶型植物和结球果的植物形成菌根。

毒蝇鹅膏菌是一种全球性的、十分常见的有毒蘑菇，顾名思义，该蘑菇可以毒杀苍蝇，主要操作方法是将毒蝇鹅膏菌切成小块，放入糖水或拌入饭中，利用其毒素将前来食用的苍蝇杀死，也有利用毒蝇鹅膏菌来毒死老鼠及其他有害动物的相关记载。现代研究表明，毒蝇鹅膏菌的子实体内含有毒蝇碱，具有神经致幻作用，该物质能够与乙酰胆碱受体结合作用于人体副交感神经，误食中毒后出现大汗、流涎、幻觉，甚至昏迷或死亡。毒蝇鹅膏菌中还存在有毒的异恶唑衍生物，主要的致病物质为鹅膏蕈氨酸和脱羧衍生物异鹅膏胺，中毒症状与天竺葵、颠茄、曼陀罗等阿托品类植物中毒相似，干扰内源性神经递质导致大脑功能紊乱，引起神经症状。

和毒蝇碱相比，其他鹅膏菌毒素，如从灰花纹鹅膏、淡红鹅膏、致命鹅膏、假淡红鹅膏等鹅膏菌中检出的鹅膏毒肽、鬼笔毒肽和毒伞肽三大类环型多肽类毒素则毒性更强。误食这些有毒鹅膏菌后约 6 小时以内就会发病，除产生剧烈恶心、呕吐、腹痛、腹泻及精神错乱、神志不清等症状外，还会导致肝脏肿大、黄疸、肝功能异常、内出血以及内脏损伤，最终导致心、脑、肺、肝、肾等器官功能衰竭，甚至死亡。

剧毒的灰花纹鹅膏

虽然多数人都畏惧于鹅膏菌的毒性，但是鹅膏菌类及其他毒菌的毒素已成为研究热点，特别是鹅膏菌肽类毒素对真核生物的RNA聚合酶具有专一性抑制作用，因此鹅膏菌肽类毒素在生物型抗病毒、抗菌、杀虫制剂方面应用前景显著，同时可作为真核生物基因的表达、调控，细胞的组织结构和细胞定位的基础研究工具。该菌可以与云杉、冷杉、落叶松、松、黄杉、桦、山毛榉、栎、杨等树木形成菌根，且其所含毒蝇碱等毒素对苍蝇等昆虫杀力很强，因此可用于林业生物防治。

对于这类让人又爱又恨的鹅膏菌，我们该如何区分有毒种类和无毒种类呢?

杨祝良等通过大量实验观察发现，剧毒鹅膏和非剧毒鹅膏在基本形态特征上也存在一定的差异。通常，剧毒鹅膏的菌柄不中空、菌柄纵切面基部有一近球形的膨大、短菌褶在菌柄端渐窄；非剧毒鹅膏的菌柄常中空、菌柄基部几乎不膨大、短菌褶在菌柄端似刀切过一样是平截的。尽管在形态上，剧毒鹅膏和非剧毒鹅膏是可以区分的，但是为了避免误食，还是应在采摘的过程中注意甄别“头上戴帽（指有菌盖）、腰间系裙（指有菌环）、脚上还穿鞋（指有菌托）”的鹅膏菌类，因为该类群中有不少物种是剧毒的。

形似马鞍的菌类

墨线识图

【拉丁名】*Helvella elastica* Bull.

【中文名】弹性马鞍菌

【中文别名】马鞍菌

【分类地位】盘菌目 Pezizales 马鞍菌科 Helvellaceae 马鞍菌属 *Helvella*

【生态习性】夏秋季生于林地上。

【资源价值】记载可食，也有中毒记录，不宜采食。

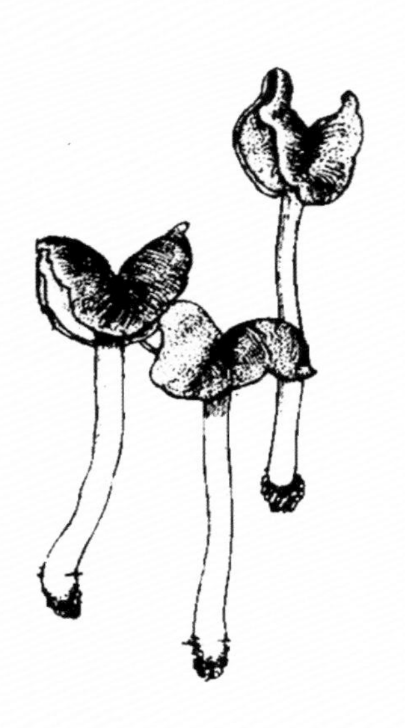

林间稀疏雨渗入
千军万马泥中来

塔里木盆地位于新疆南部，是我国面积最大的内陆盆地，盆地处于天山南和昆仑山北，其间分布着我国第一大沙漠——塔克拉玛干大沙漠。盆地上缘连接山地的为砾石戈壁，砾石戈壁与沙漠间为冲积平原和冲积扇，绿洲多分布于此，是南疆的重要农业区。而这叶尔羌河水、千年胡杨树、干旱少雨的大漠气候经大自然融合孕育出的一种绿色珍稀食用菌——裂盖马鞍菌[1]，俗称巴楚蘑菇、地木耳，素以纯天然、质嫩味美、营养丰富而著称。

裂盖马鞍菌菌盖呈黑木耳状，中有凹坑，菌盖为马鞍形或具有3 ~ 5个裂片，暗褐色至黑褐色，表面光滑至粉状，似绒片，裂瓣边缘卷曲；有的菌盖边缘与菌柄连生，菌柄乳白色，表面似有粉末，具明显的纵向沟槽，菌柄下粗上细，中空，基部有须根状菌索。裂盖马鞍菌子实体香气浓郁，味道鲜美，质地细腻，其营养价值高于常见的平菇、香菇及黑木耳等担子菌，其含有较高的多糖、蛋白质、粗脂肪和脂肪酸，长期食用能够起到提高人体免疫力、促进大脑发育、防止脑动脉硬化、促进副肾皮质激素分泌、增强人体应激能力、溶血栓、降血压、降低胆固醇等多种保健作用。

1　裂盖马鞍菌学名 *Helvella lacunosa* Afzel，隶属于盘菌目 Pezizales 马鞍菌科 Helvellaceae 马鞍菌属 *Helvella*。

裂盖马鞍菌（图片来源于网络）

皱马鞍菌

和裂盖马鞍菌形态极为相似的另一个物种是皱马鞍菌[1]，又称皱柄白马鞍菌，其菌柄具有类似裂盖马鞍菌那样的纵向沟槽，菌盖是典型的马鞍形。与裂盖马鞍菌不同之处在于，皱马鞍菌的菌盖和菌柄通体都是白色的，有时会带有黄白色或灰色调。皱马鞍菌也是可以食用的马鞍菌类，广泛分布于我国大部分地区的阔叶林地上。

1 皱马鞍菌学名 *Helvella crispa* Bull.，隶属于盘菌目 Pezizales 马鞍菌科 Helvellaceae 马鞍菌属 *Helvella*。

小白马鞍菌（左）和黑马鞍菌（右）

迪氏马鞍菌（左）和高柄马鞍菌（右）

在阴条岭自然保护区，笔者还发现了一白一黑两种小型的马鞍菌，即小白马鞍菌 *Helvella albella* 和黑马鞍菌 *Helvella pulla*，二者的菌盖均为典型的马鞍形，菌柄细长，上部较细。

但也不是所有的马鞍菌都具有典型的马鞍形菌盖，笔者在阴条岭自然保护区找到的迪氏马鞍菌和高柄马鞍菌两种马鞍菌的菌盖为圆形、下凹状。二者形态基本一致，区别在于子囊孢子的形态不同，前者的孢子为宽椭圆形，后者的孢子为椭圆形或梭形。

马鞍菌和羊肚菌都是子囊菌中可食用野生菌中的上品，近年来由于人们对野生食用菌资源的追求导致马鞍菌市场需求量日益增加，也造成对马鞍菌的肆意乱采滥挖，不但破坏了生态环境，而且数量急剧下降，致使马鞍菌逐年减少。因此，保护野生马鞍菌资源，开展马鞍菌资源的驯化栽培研究，任重而道远！

不咬人的牙齿

墨线识图

【**拉丁名**】*Pseudohydnum gelatinosum*（Scop.）P. Karst.

【**中文名**】胶质假齿耳

【**中文别名**】胶质刺银耳、虎掌刺银耳、胶虎掌菌

【**分类地位**】银耳目 Tremellales 假齿耳属 *Pseudohydnum*

【**生态习性**】夏秋季群生于针叶树桩上。

【**资源价值**】可食。

疑是天兵齐张弓

扑面箭雨漫天飞

你知道人体内最硬的器官是什么吗？

对了，牙齿是人体最硬的器官！我们都知道，牙齿最主要的功能是切咬、咀嚼，大多数食物都是通过牙齿进行咀嚼然后进行吞咽，这一过程有助于食物进入胃肠道以后的消化。

一些大型真菌的子实体，也长有形态不一的“牙齿”，我们通常称之为菌刺。大型真菌的“牙齿”当然不是用来切咬和咀嚼的，那么你想知道真菌“牙齿”的功能吗？就让我们通过观察一些大型真菌来揭开真菌“牙齿”的神秘面纱！

软软嫩嫩的“牙齿”当然最能够引起人们的好感，胶质假齿耳就拥有这样的“牙齿”。夏天针叶林及针阔叶混交林中较阴湿环境下，冷杉、云杉、云南松等朽木上及朽树桩上，胶质假齿耳单生至群生在一起，它们的个头较小，子实体高不超过 7 厘米，韧胶质并具有弹性，不黏；菌盖贝壳状至近半圆形，白色至浅灰色，深色的个体是褐色或暗褐色的，表面光滑或具有微细绒毛，半透明状；菌柄侧生，颜色和质地与菌盖一致；厚实的菌盖下，密生乳白色胶质刺齿，长可达 5 毫米，质地为脆质至纤维质，容易折断。胶质假齿耳软嫩的子实体让人不由得联想起银耳来，因此它还有一个名字叫作虎掌刺银耳，也叫虎掌菌，文献记载是一种可以食用的肉质菌，有机会一定要尝一尝。

胶质假齿耳的背面和腹面

春秋季节生长在阔叶树腐木上的韧齿耳[1]虽然不会有软嫩诱人的子实体，但是其鲜艳的色彩也会让人耳目一新。韧齿耳的子实体常紧贴在枯木表皮上进行生长，边缘有时会有不规则的菌盖，颜色为黄色或赭黄色；菌刺接近扁平状，长 1 ～ 3 厘米，和菌盖颜色相同。韧齿耳一般不用作食用菌，但是它对于枯木和腐木具有非常强的分解能力，是生态系统分解者大家庭中的“骁勇战将”！

1　韧齿耳学名 *Steccherinum robustius*（J. Erikss. & S. Lundell）J. Erikss.，隶属于多孔菌目 Polyporales 干朽菌科 Meruliaceae 齿耳属 *Steccherinum*。

色彩艳丽的韧齿耳

同样是分解者大家庭成员的科普兰齿舌革菌[1]也具有长长的牙齿，而且它的牙齿相当尖锐，不过不用担心，它的牙齿虽然长而尖，但却是脆质至纤维质的，没有任何的杀伤能力。科普兰齿舌革菌的子实体只有一年的寿命，质地是软革质的，并且紧紧地平贴在枯木表面，不容易取下来，新鲜的时候是奶油色或稻草色，干后会带有褐色。它会将生长的腐木分解形成白色的渣块，然后让其很快地瓦解分散到自然界中。

1　科普兰齿舌革菌学名 *Radulodon copelandii*（Pat.）N. Maek.，隶属于多孔菌目 Polyporales 干朽菌科 Meruliaceae 齿舌革菌属 *Radulodon*。

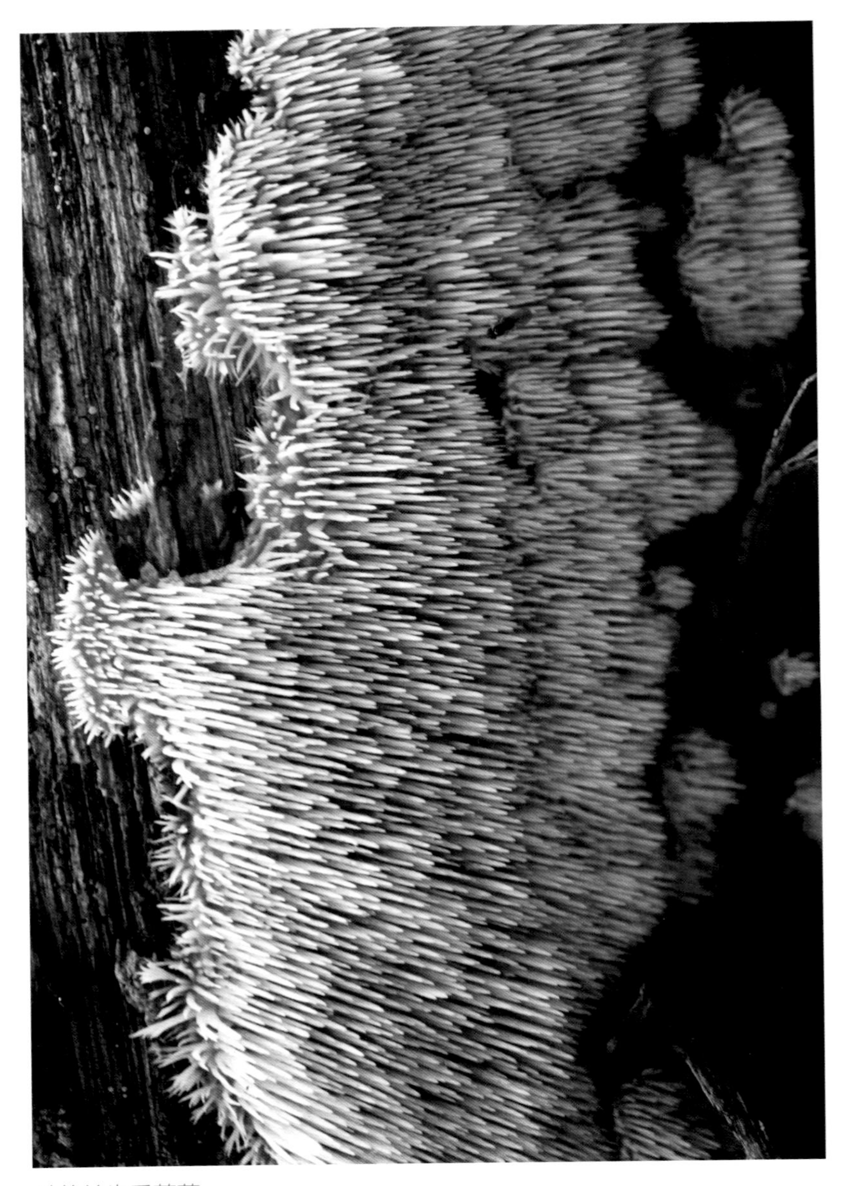

科普兰齿舌革菌

说到这里，可能你还是不太明白大型真菌的“牙齿”有何作用吧？不要着急，答案即将揭开。原来，牙齿状的菌刺是这一类大型真菌的子实层体，它和褶片状的菌褶和圆管形的菌褶一样，都是担子和担孢子着生的位置，其子实层体是围绕菌刺的外周进行排列的，这就极大地增大了菌类产生孢子的表面积，对于真菌的繁殖是有重要意义的。

我们都知道，人的牙齿不好，可能就无法吃到很多美味的食物，甚至会导致消化功能障碍并引起消化系统疾病，幸福指数自然会大幅下降。而这些长着“牙齿”的菌类，虽然不能帮助它们获得食物，但是却能够给人类提供食物，还能够将枯木和腐木分解归还给大自然，从这个意义上讲，把它们比作大自然的“牙齿”也是当之无愧的！

羊肚和牛肚

墨线识图

【拉丁名】*Morchella crassipes*（Vent.）Pers.

【中文名】粗柄羊肚菌

【分类地位】盘菌目 Pezizales 羊肚菌科 Morchellaceae 羊肚菌属 *Morchella*

【生态习性】春夏之交生于混交林中地上。

【资源价值】美味食用菌。

虽是蜂窝无香蜜
却入万户成佳馐

说起羊肚和牛肚这两种食材，实质上我们谈论的是羊和牛的胃。根据动物解剖学观察的情况，羊和牛属于反刍家畜，它们都有四个胃，即瘤胃、网胃、瓣胃和皱胃。其中，网胃的内壁黏膜会分割成很多蜂巢状的网格，又叫做蜂巢胃；皱胃的内壁黏膜则呈现纵行皱褶。

无独有偶，在子囊菌中有两类真菌的形态正好和羊、牛的网胃和皱胃极为相似，人们形象地称之为羊肚菌和牛肚菌。

羊肚菌类是一种腐土生的、肉质化的菌类，它的子囊果是一种变态的子囊盘[1]，不是典型的盘状或杯状结构，而是在菌柄上方着生了一个蜂窝状的可育头状体。仔细观察，你会发现羊肚菌黄白色的菌柄是中空的圆柱形，有时候基部略呈球状，偶尔在菌柄上有纵向沟痕；菌盖是海绵质的，有球形、卵圆形、狭长圆锥状等各种形态，其上有似海绵质的网状凹陷；显微观察发现，羊肚菌的子实层就是长在凹陷的蜂窝状结构内的。不同的羊肚菌菌盖上的棱脊颜色深浅不一，从黄白色到黄褐色至褐色。

羊肚菌类多生长在阔叶林或针阔混交林的腐殖质层上，主要生长于富含腐殖质的砂壤土中或褐土、棕壤等，尤其在火烧后的林地上比较容易大量生长。同时，由于羊肚菌生长过程中对营养物质的需求较大，往往在产量较大的一年内对土壤肥力消耗过大，导致来

1　子囊果呈开口的盘状、杯状，顶部平行排列子囊和侧丝形成子实层，有柄或无，这样的子囊果类型称为子囊盘。

普通羊肚菌

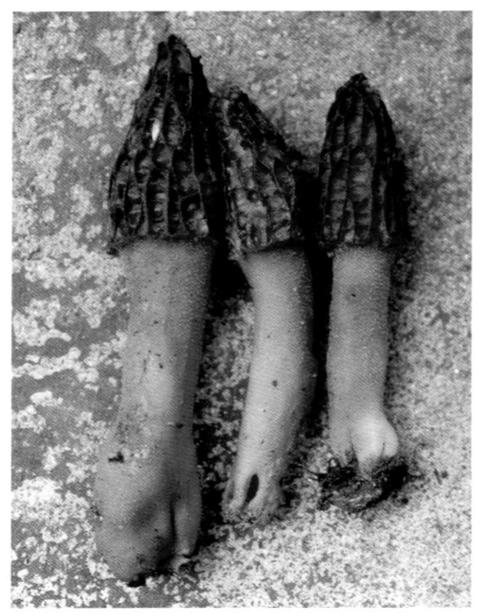

梯棱羊肚菌

年产量很低，出现“大小年”的情形。

普通羊肚菌[1]的通体黄白色，菌盖近球形、卵形至椭圆形，顶端钝圆，凹坑为蛋壳色至淡黄褐色，棱纹色较浅，整体质地酥脆。普通羊肚菌在全世界都有分布，其中在法国、德国、美国、印度、中国分布较广。我国北至东北三省，南至广东、福建、台湾，东至山东，西至新疆、西藏、宁夏、贵州，共28个省、自治区、直辖市均有普通羊肚菌的分布，是羊肚菌家族最为人知的种类。梯棱羊肚菌则颜色较深，呈黄褐色至深褐色，尤其是菌盖的颜色较深，棱纹接近黑色，因此又称黑脉羊肚菌；梯棱羊肚菌的菌盖表面凹坑近似纵向排列，较普通羊肚菌要显得更加规则。此外，梯棱羊肚菌的菌柄上面有疣粒状突起而普通羊肚菌的菌柄是光滑的。

目前已知的羊肚菌都是可以食用的，部分种类兼具药用的价值。研究表明，羊肚菌含有多糖、多酚、三萜以及其他各种营养元素，在降血压、降血脂、预防动脉粥样硬化、保肝、抗肿瘤、抗氧化、增强免疫力、抗疲劳等方面有较高的药用价值。目前，利用羊肚菌开发制作出来的保健品和食品有羊肚菌多糖含片、羊肚菌口服液、羊肚菌胶囊，以及含有羊肚菌的牛肉酱、饼干、复合肉丸、酸奶等，可见其具有较高的可利用性和开发性。

---

1 普通羊肚菌学名 *Morchella esculenta*（L.）Pers.，梯棱羊肚菌学名 *Morchella importuna* M. Kuo，二者隶属于盘菌目 Pezizales 羊肚菌科 Morchellaceae 羊肚菌属 *Morchella*。

和皱胃形态相似的牛肚菌，中文学名是肋状皱盘菌[1]，从其形态来看，就像一片片厚实的肚片平贴在地面上，直径通常为 4 ～ 15 厘米，最大的可达 20 厘米，边缘呈略微反卷的波浪状；正面是红褐色、浅盘状的子囊盘，具有脉纹状突起的短条纹，而背面为灰白色，近中央部分有类似木耳基部的短菌柄，上面有明显的沟槽；肋状皱盘菌子实体质地为明显的脆质，在拾取的过程中其子实体也很容易断裂成条块状。有资料记载，肋状皱盘菌是可以食用的，味道较好，但在生吃或加工不充分的情况下，也是会引起中毒的。

肋状皱盘菌

1 肋状皱盘菌学名 *Disciotis venosa*（Pers.）Arnould，隶属于盘菌目 Pezizales 羊肚菌科 Morchellaceae 皱盘菌属 *Disciotis*，目前我国该属仅含此 1 种。

落在林间的星星

墨线识图

【拉丁名】*Geastrum fimbriatum* Fr.

【中文名】毛嘴地星

【分类地位】地星目 Geastrales 地星科 Geastraceae 地星属 *Geastrum*

【生态习性】夏末秋初生于林中腐枝落叶层地上。

【资源价值】可药用。

直似花蕾初绽放
遍地星星堆起来

“一闪一闪亮晶晶，满天都是小星星……”

这是一首大家耳熟能详的儿歌，虽然目前我们绝大多数人都无法登临太空去一睹满天星星的真容，但是它们却都能够在我们的脑海里、在我们的笔下能被勾勒出来，形态上大抵都是带上几个突起的角。因此，我们形容带“角”的物体时，往往都会用上“星”的概念，比如我们熟悉的五角星、生长在大海里的海星……有一类大型真菌，被发现者命名为“地星”，大家应该也都能想到，这应该也是带“角”的菌类吧。不错，地星类大型真菌就是这样的，让我们一起来认识一下吧。

“地星”这一名称的由来，主要是因为这类担子菌的成熟子实体（担子果）多生于地表，其外包被会呈星状开裂形成数个裂瓣，因此被形象地比作地上的“星星”。地星类的真菌主要有两类，一类是地星科，另一类是硬皮地星科。

地星科真菌的结构包括外部的包被和内部的产孢结构（孢体）两大部分，孢体的外皮称为内包被，外部的包被称为外包被；有些地星科真菌的内、外两层包被之间还有一层网状结构称为中包被，往往在担子果发育成熟时而消失，因此我们通常观察到的包被结构主要是内、外两层。不同的地星科真菌在子实体成熟时，其外包被会以形状开裂的形式展开并裂成形态和数目各不相同的裂瓣，同时将其内包被外露出来，内包被会有不同的开口，能把成熟的担孢子散发出去。

毛嘴地星

地星科的代表物种毛嘴地星[1]的子实体较小，未开裂之前近球形，直径为 1 ~ 2 厘米，偶见大至 4 厘米的；外包被的顶端通常会有突起甚至有时成喙状，带浅红褐色，表面粘附有植物残体。开裂后外包被反卷，基部呈浅袋状或浅囊状，上半部通常裂为 5 ~ 9 瓣；裂片多数较宽，少数狭窄，渐尖，向外反卷于外包被盘下或平展仅先端反卷。

1 毛嘴地星学名 *Geastrum fimbriatum* Fr.，因其担子果的子实口缘纤毛状而得名。

毛嘴地星的内包被灰色，通常为球形，有时为梨形或陀螺形，基部无柄，顶部乳突状或具阔圆锥形突起，绢毛状或纤毛状，无口缘环。每当内包被顶端口缘打开，这个类似“烟囱”的通道就是成熟担孢子的出口。仅有这个出口还不够，毛嘴地星释放担孢子方式还需要借助外界的压力，比如雨水击打、动物碰撞等，成熟的内包被较软，当外力触及内包被时，在包被略微凹陷的时候，将外力传导至内包被的内部形成压力，将粉末状的孢子“喷射”出去，恰似冒出一缕缕青烟。

和毛嘴地星等大多数地星科真菌不同的是，木生地星[1]还拥有生长在腐木上的能力，极少数时候木生地星也可生在地面上。木生地星具有非常典型的群生习性，小巧的子实体通常成群生于腐木碎片上，未开裂时外包被上有淡黄色毛毡状绒毛，顶部有小突尖。外包被开裂时往往浅裂在1/3处，形成5 ~ 7个瓣裂片，瓣裂片也通常反卷，少数时为平展或内卷；外包被基部形成一个囊状结构，包裹其圆球形或卵形的内包被体；子实口缘纤毛状，有时有口缘环。木生地星散发孢子的方式和毛嘴地星是相同的。

硬皮地星科真菌形态和地星科基本相似，都明显可见其内外两层包被，孢子散发的形态基本相同。不同之处在于，硬皮地星科真菌的外包被明显为硬质，瓣裂后内表面呈灰色或红褐色，上面常常

1　木生地星学名 *Geastrum mirabile* Mont.，隶属于地星目 Geastrales 地星科 Geastraceae 地星属 *Geastrum*，因其担子果的木生习性而得名。

木生地星

硬皮地星

有龟裂纹状白色鳞片。有资料记载，硬皮地星的子实体在成长初期会散发出类似金属的气味；同时，其外包被还有一个重要的特性，就是具有非常惊人的吸水能力，在环境干燥时外包被向内卷成球状，在环境潮湿时会充分吸收水分而舒展开来平铺在地面上，因此被形象地称为“森林干湿计”，是森林内环境湿度的一个直观的指标。

硬皮地星还是一种可以入药的大型真菌，和马勃和其他地星类真菌相似，其成熟的孢子体有止血功效，可将孢子粉敷于伤口处，治疗外伤出血、冻疮流水等。因此，不要小看了这些从地面或腐木上长出来的，就像是散落在林间的小“星星”一样的菌类，如果你在野外不小心被划伤、刮伤了，它们的孢子粉可是一种不错的止血良药！

美丽的鹿角

墨线识图

【拉丁名】 *Xylaria hypoxylon*（L.）Grev.

【中文名】 团炭角菌

【分类地位】 炭角菌目 Xylariales 炭角菌科 Xylariaceae 炭角菌属 *Xylaria*

【生态习性】 夏秋季节生于林中腐木或土中埋木上。

【资源价值】 食毒不明。

只待鹿角一长成

顶开落叶见真形

大型真菌的形态各异，色彩丰富，除了人们常见的伞形真菌外，还有杯状、盘状、羊肚状、莲座状等形态的真菌，常常令人对大自然造物的神奇惊叹不已！

让我们来看一组类似鹿角状的真菌。

团炭角菌的“鹿角”是深邃、黑色的；其子实体通常集群状，从腐木或枯枝上生长出来，形成高 3 ~ 8 厘米长短的子座；子座呈圆柱形、鹿角形或扁平鹿角形，不分枝或形成多个分枝；子座基部黑色，上部为污白色至乳白色，形态尖锐或扁平、鸡冠形，后期全部变为黑色，上面有细绒毛。团炭角菌是一个非常普通和常见的种类，广泛分布在我国各个地区。

粘胶角耳[1]的“鹿角”是明亮的、黄色的；其子实体高 5 ~ 7 厘米，基部为圆柱形的，上部略呈鹿角状分枝，基部略带白色；粘胶胶耳子实体带胶质，稍黏，平滑，这也是其中文名的由来。粘胶胶耳在我国分布也较为广泛，往往丛生或簇生于林中地上或腐木上，基部有时呈假根状，穿过落叶层等直到地下腐木上。

与胶角耳同属的中国胶角耳[2]的“鹿角”是柔和的、肉色的；其子实体为硬胶质，棒状，顶端钝圆，有锐尖。与胶角耳相比，中国胶角

1　粘胶角耳又称鹿胶角菌，学名 *Calocera viscosa*（Pers.）Bory，隶属于花耳目 Dacrymycetalea 花耳科 Dacrymycetaceae 胶角耳属 *Calocera*。

2　中国胶角耳学名 *Calocera sinensis* McNabb，隶属于花耳目 Dacrymycetalea 花耳科 Dacrymycetaceae 胶角耳属 *Calocera*。

团炭角菌

胶角耳

中国胶角耳

耳子实体的个头更小，通常不分枝或少分枝，新鲜时颜色为浅黄色或肉色。中国胶角耳也较为常见，广泛生长于我国各地区阔叶树枯木上。

另一个明亮、黄色的“鹿角”状真菌是桂花耳[1]，其颜色较胶角耳而言更偏向于亮黄色，子实体形态上更加短小，基部菌柄短或无，

1 桂花耳又名匙状假花耳，学名 *Guepinia spathularia*（Schwein.）Fr.，隶属于花耳目 Dacrymycetalea 花耳科 Dacrymycetaceae 桂花耳属 *Guepinia*。

桂花耳

上部很快变为扁平波浪状，顶端为花瓣状浅裂，裂片顶端圆钝；桂花耳也是典型的胶质菌类，春至晚秋季节多发生于杉木等针叶树倒腐木或木桩上，往往成群或成丛簇生。有记载桂花耳的子实体清洗后在开水中烫一下，在清水中多次浸泡后，可拌凉菜或炖菜食用。但由于其子实体过小，采食不易，因此食用价值不大。

除了这四种真菌外，你还见过其他“鹿角”状的真菌吗？

磨刀皮带

墨线识图

【拉丁名】*Fomitopsis betulina* （Bull.）B.K. Cui, M.L. Han & Y.C. Dai

【中文名】桦拟层孔菌

【中文别名】桦剥管孔菌、桦滴孔菌、桦多孔菌

【分类地位】多孔菌目 Polyporales 拟层孔菌科 Fomitopsidaceae 拟层孔菌属 *Fomitopsis*

【生态习性】夏秋季节生于桦木活立木或倒木上。

【资源价值】记载幼嫩时可食，可药用。

苍茫碧海千万树
此生只愿依桦林

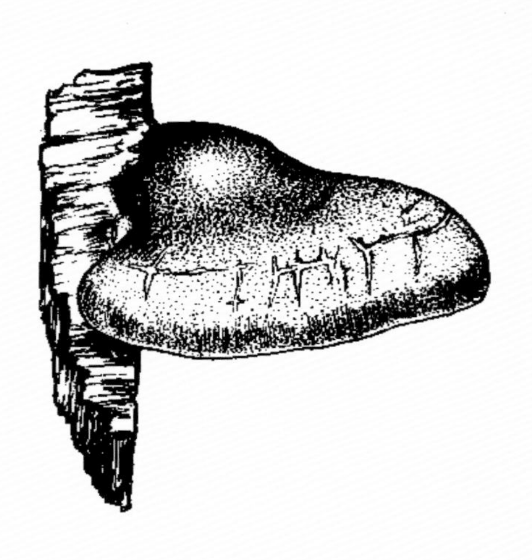

“愿得一人心，白头不相离”，这句诗盛赞了诗人感情的专一性。除了感情深厚的人类，痴情的企鹅、同命的鸳鸯，也算得上是动物界中最能配得上这样的赞誉的物种代表了。除了动物界有这样一些“痴情”种外，大型真菌世界中也有这样的“奇葩”，一生只爱一种树，看起来是与其他的大型真菌有些格格不入了。

它就是今天的主角，一种偏爱桦树的大型真菌——桦拟层孔菌。

桦拟层孔菌又名桦剥管孔菌、桦孔菌、桦滴孔菌、桦多孔菌，是一种一年生的专性寄生菌类，它通常于夏季和秋季生长在桦树的活立木或倒木上，靠“盗取”桦木的营养为生。其子实体为半圆形、贝壳形或圆形的厚面包状，直径最大可达 20 厘米，中部厚度可达 4 厘米；背面为乳褐色或黄褐色的皮壳，靠近基部部位颜色较深，边缘浅至乳白色，自基部向边缘为不明显的同心圆环状，带晕染状；菌盖下面的菌管层为乳白色，菌管小而且密，边缘部分无菌管分布，略微隆起而高于菌管层。菌盖的侧面具有一个极端的菌柄，菌柄新鲜时为奶油色，干后颜色加深为黄褐色。

桦拟层孔菌新鲜时为海绵质，但韧性十足，菌盖的上面看上去有同心环纹和晕斑，但基本上没有突起，用手摸上去是光滑的，有点类似触摸干面包的感觉；如果你想像撕扯面包一样将其扯开，那无异于天方夜谭，不仅用手扯不开，即使用刀也很难将其切开。正是由于它的这种韧劲，可以媲美牛皮制成的腰带，可用于磨刀、钟表制造业的抛光以及制作软木塞和引火物等，因此便有了“磨刀皮

桦拟层孔菌

带”的雅称。

桦拟层孔菌不仅可以长在桦树活立木上，还可以长在桦树的腐木上。研究表明，桦拟层孔菌对木质素的降解能力弱，不会破坏树木的木质部，而对纤维素的降解能力特别强，被其腐蚀后的木材多呈红褐色且容易粉碎。因此，就完全腐烂枯木而言，光靠桦拟层孔菌还不行，它还需要其他消耗木质素能力强的“伙伴”联手才能完成。

天麻的好伴侣

墨线识图

【**拉丁名**】*Armillaria mellea*（Vahl）P. Kumm.

【**中文名**】蜜环菌

【**中文别名**】榛蘑

【**分类地位**】伞菌目 Agaricales 泡头菌科 Physalacriaceae 蜜环菌属 *Armillaria*

【**生态习性**】夏秋季在多种针叶或阔叶树树干基部、根部或倒木上丛生。

【**资源价值**】美味食用菌。

吾将青心托明月

奈何明月不照人

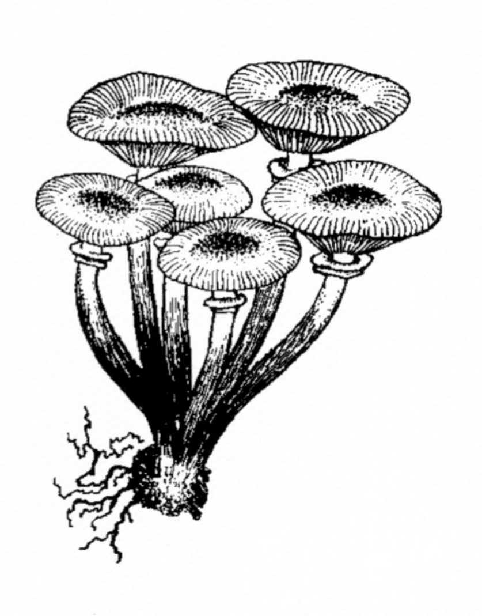

兰科植物具有较强的观赏性，无花时可观叶，开花时花叶齐观，自古以来颇受文人墨客的喜爱。从繁殖器官形态结构的角度来看，兰科植物的种子细小如尘，无胚乳，所以具有能够跨越长距离飞行扩散的能力。但正因缺少胚乳这一特点，其萌发必须需要真菌提供营养。兰科菌根真菌通常伴随兰科植物的整个生活史，特别是在种子萌发阶段兰科植物对菌根真菌具有绝对依赖性；而一些兰科植物在成年后仍然会通过菌根真菌获取营养，比如我们熟知的一种兰科植物——天麻。

天麻是一种多年生的兰科植物，并且是一种特殊的兰科植物。和大多数观花、观叶的兰花截然不同的是，天麻的黄色肉质茎上没有绿色的叶片，顶生小花橙黄或淡黄色，观赏性也不强，若不是因为天麻具有重要的药用价值，估计很难得到大家的重视。也正是因为天麻没有绿色的叶片，所以其营养物质和能量的来源不是通过光合作用得到和产生的，而主要是通过腐生的形式获得营养。在其腐生生活过程中，和蜜环菌属以及小菇属的一些大型真菌有着密切的联系，可以说，没有这些大型真菌的帮助，天麻便难以“维持生计”。

天麻和蜜环菌等大型真菌究竟是怎样的关系呢？

研究发现，天麻细小的种子在萌发后，首先形成的是原球茎，紧接着形成初生营养茎，在其上面形成一至数个短的侧枝；在没有蜜环菌侵染的情况下，营养茎和块茎长势较差，第二年或第三年就会完全死亡。如果有蜜环菌侵染，蜜环菌的菌索触及天麻块茎后会

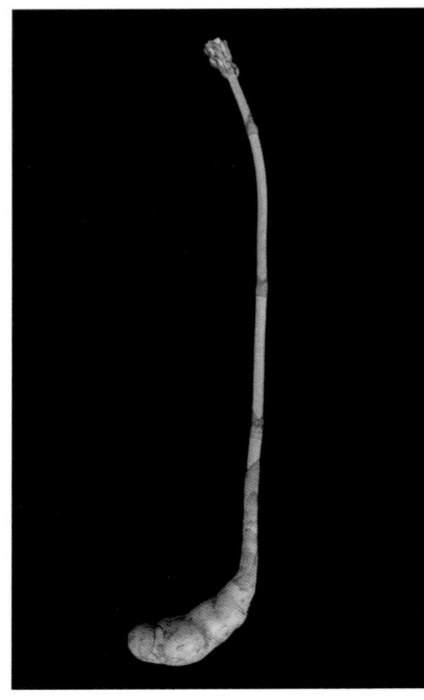

野生天麻（陈锋 摄）

向其内产生分枝，以菌索的形式入侵到天麻的皮层区深处，以菌丝的形式沿着皮层最内一层细胞成束地向四周扩散，汲取天麻块茎的营养供给蜜环菌的生长，这一过程可以看作蜜环菌以天麻块茎作为食物来源，形象地理解为“菌吃麻”。随着蜜环菌菌丝对天麻块茎的侵染，会遇到一层代谢活跃的细胞，我们姑且称之为“消化层”，因为这是天麻同化蜜环菌菌丝的一层细胞。菌丝侵染之处，相应部位的消化细胞内部充满着由菌丝排出的小体。日本有学者认为，这些细胞所消化的属于菌丝的分泌物，蜜环菌的菌丝在皮层细胞内发生了解体，这一过程可以看作“麻吃菌”。正是“菌吃麻”和“麻吃菌”过程周而复始地发生，蜜环菌获得营养物质而发生子实体，天麻“消化”蜜环菌菌丝获得生长的养料。

天麻与蜜环菌究竟是共生关系还是寄生关系呢？在实验中，研究者发现了一些现象：天麻不能离开蜜环菌而独立生存，而天麻的存在又使蜜环菌因营养的大量消耗，本身的发育受到限制，天麻丰产了，而菌索所存无几；如果切断蜜环菌与天麻的营养联系，已依附在天麻上之菌索不能生长，侵入的菌丝不能再扩展；菌索生长很好，天麻生长不一定很好。天麻与蜜环菌之间的斗争是不平衡的。

说到这里，你是不是也很好奇：蜜环菌是怎样一种大型真菌呢？

蜜环菌的子实体高 5 ~ 15 厘米；菌盖肉质，扁半球形至逐渐平展，中部常下凹，表面蜜黄色至栗褐色，有小鳞片；菌柄细长圆柱形，浅褐色，纤维质松软，后中空，基部常膨大。菌柄上部接近菌褶处有一个较厚的菌环，膜质、松软。正是由于其菌盖表面呈蜜黄色，菌柄上部有环，故而得名“蜜环菌”。成群簇生的蜜环菌是一种著名的食用菌，东北有名的“小鸡炖蘑菇”里面用到的榛蘑就是蜜环菌的子实体。

蜜环菌除了地面上的子实体比较有名外，地下的菌丝体也是声名远扬的。菌丝体是蜜环菌的营养器官，为极纤细的丝状体，肉眼难辨其形状，当形成由大量菌丝组成的菌丝块或菌丝束时，肉眼可见呈粉白色或乳白色。最终菌丝聚集成索状的长束，称为根状菌索；

蜜环菌

蜜环菌（左）和假蜜环菌（右）

蜜环菌的根状菌索在地下生长，形成范围非常大的网络，在土壤中蔓延，从朽木或活树的根上寻找营养。根状菌索藏于地下，能耐受极高和极低的温度，包括地面上的森林火灾也无法让它死亡。

1922 年在美国密歇根州一处栎树混合林中，发现一个蜜环菌的菌丝体，呈垫状生长。人们对采自该地区的一些蘑菇样本进行了遗传学测试，结果证明，所有这些蘑菇均由同一株地下的菌丝体生出，菌丝体蔓延的范围达 15 公顷以上；估计其总重量为 10 吨，按已知的生长率计算，其年龄至少有 1500 岁。同年晚些时候，在美国华盛顿州西南部的亚当斯山鉴定了一株蜜环菌，估计其年龄为 400 ~ 1000 岁，菌丝蔓延范围达 607 公顷左右，大大超过在密歇根州发现的蜜环菌株。在美国俄勒冈州还发现了一株体重上千吨的奥氏蜜环菌，其地下菌丝蔓延占地接近 1000 公顷，相当于 1350 个足球场的大小。真是让人惊叹不已。

蜜环菌还有一个“双胞胎兄弟”名为假蜜环菌[1]，又称易逝无环蜜环菌，从它的名字中我们已经可以读懂，它的“假”，就在于没有菌环，而其他的特征和蜜环菌基本上是一致的。在重庆东北部很多地方，二者都被称作“苞谷菌”，因为它们都是长在苞谷成熟季节的美味食用菌。

对蜜环菌和天麻关系的进一步研究发现，蜜环菌的生长与胞外酶活性密切相关，蜜环菌胞外酶不仅能为蜜环菌生长发育提供营养，还为其侵染天麻形成特殊的共生机制提供物质条件。同时，这也提示我们，当需要在一个区域种植天麻时，最好能够找到该地域内适宜生长的蜜环菌种类，以促进二者的协调共生。

---

1 假蜜环菌学名 *Desarmillaria tabescens*（Scop.）R.A. Koch & Aime，隶属于伞菌目 Agaricales 泡头菌科 Physalacriaceae 假蜜环菌属 *Desarmillaria*。

魔鬼手指

墨线识图

【拉丁名】*Clathrus archeri*（Berk.）Dring

【中文名】阿切尔笼头菌

【中文别名】阿切尔尾花菌

【分类地位】鬼笔目 Phallales 鬼笔科 Phallaceae 笼头菌属 *Clathrus*

【生态习性】夏秋季散生或单生于林中地上。

【资源价值】一般视为毒菌或怀疑有毒。

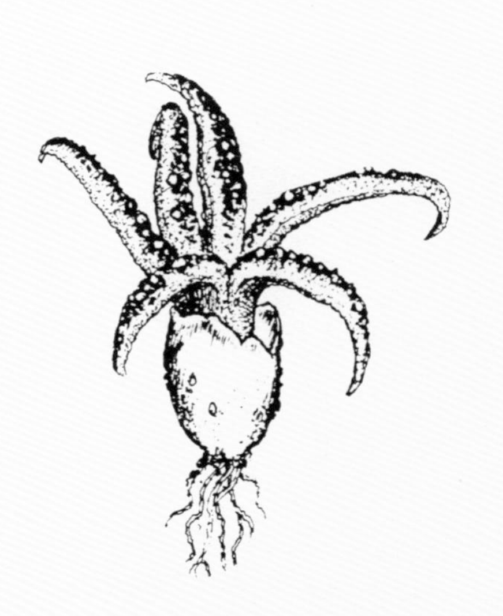

林中伸出万千手
舞动烈焰使人愁

夏秋季节，漫步在雨后清新的山林间，一些颜色鲜艳、形态怪异的大型真菌总是最能够吸引人们的注意力；阿切尔笼头菌那魔鬼一般妖艳的“手指”，让人看上一眼也就再也无法忘却。

未开伞的阿切尔笼头菌和其他鬼笔科真菌一样，为卵圆形的菌蕾，白色的“蛋壳”上有糠麸状的附属物；发育成熟时，菌柄和托臂就会撑破菌蕾伸展出来；菌柄较短，圆柱形，中空，大部分都无法伸出菌蕾外。在短菌柄之上是 2 ~ 5 根细长手指状的托臂，鲜红色，基部颜色较上部浅；托臂上部初期是靠合在一起的，后期逐渐分离，展开似章鱼的触手；托臂内侧并非光滑的，有深浅不一的横向褶纹，上面会产生暗青黄褐色至近灰黑色的孢体，呈腥臭的黏液状。这臭味也正是阿切尔笼头菌吸引苍蝇等帮助其传播孢子的重要“法宝”。

这样类似于章鱼触手般奇异的真菌是不是给你留下了深刻的印象？答案是肯定的。可能还有人会问，这样颜色鲜艳、味道腥臭的真菌是不能食用的吧？对的，目前这种菌被认为有毒或怀疑有毒，还没有可食用的相关记录。

如果说阿切尔龙头菌的“手指”是细长皱缩的，那么红角木霉的“手指”就是丰满圆润的。红角木霉[1]又称红角肉棒菌、丛生肉棒菌、火焰茸，通常于夏秋季节在林地内单生或群生，其子实体表面

1　红角木霉学名 *Trichoderma cornu-damae* （Pat.） Z.X. Zhu & W.Y. Zhuang，隶属于肉座菌目 Hypocreales 肉座菌科 Hypocreaceae 木霉属 *Trichoderma*。

阿切尔笼头菌

是鲜艳的红色而内部是白色的，外形看上去呈棒状、手指状、火焰放射状，分枝或不分枝，俨然一只只挥舞的“手臂”。该菌毒性极强，引起溶血型中毒症状。不过，由于一般人对其颜色与外形具有警戒，因此一般不会故意采摘食用。但也发生过多起误食红角肉棒菌所致的中毒案例，原因是将其误认为可食用的红珊瑚菌 *Clavulinopsis miyabeana*。

长着鲜艳“手指”的菌类还有鬼笔科假笼头菌属的真菌，和阿切尔尾花菌和红角肉棒菌不同的是，笼头菌属真菌那手指状的托臂始终是靠合在一起的，自始至终不会分离。笔者在阴条岭自然保护区调查

红角肉棒菌（袁堂康 提供）

时发现了假笼头菌属一个重庆新分布记录——五臂假笼头菌[1]。诚如其名，它共有5条黄色、等长、弓形的托臂围成长笼形，顶端相连，共同生于一个短的菌柄上。其未开放的菌蕾长圆形或椭圆形，白色或浅灰色，表面有许多褐色斑点，基部有发育良好的白色菌索；菌柄柱状，中空海绵质，橙黄色，部分隐藏于菌托内；托臂外表面无沟槽，产孢体位于臂中部内表面，橄榄色，恶臭。

1 五臂假笼头菌学名 *Pseudoclathrus pentabrachiatus* F.L. Zou, G.C. Pan & Y.C. Zou，隶属于鬼笔目 Phallales 鬼笔科 Phallaceae 假笼头菌属 *Pseudoclathrus*。

五臂假笼头菌

假笼头菌属是刘波和鲍运生于1980年建立的新属，为我国特有属，其形态特征和林德氏鬼笔属、笼头菌属和散尾鬼笔属接近；其托臂形态和林德氏鬼笔属最为相似，区别在于后者没有菌柄；其孢托托臂分枝顶端联合而永不分离的特征与笼头菌属相似，但后者孢托托臂分枝外表面没有沟槽且没有菌柄；其孢托外表面沟槽特征与散尾鬼笔属相似，但整体形态相差较大。

笔者在重庆发现了安顺假笼头菌属和五臂假笼头菌两种假笼头菌属大型真菌。从该属在全国分布来看，除首个新种柱孢假笼头菌分布于北京西山外，其他物种均分布在华中菌物资源区的西南地区一带，如五臂假笼头菌分布于贵州和重庆，安顺假笼头菌分布于贵州、广西和重庆，雷公山假笼头菌分布于贵州，云南假笼头菌分布于云南。由此可以初步判断，我国西南贵、渝、云、桂地区可能是假笼头菌属的集中分布中心，甚至是其起源中心，该属物种整体上对于亚热带气候具有较好的适应性。

类似“手指”状的真菌还很多，颜色从白色到红色、黄色、橙色等各不相同，如果将它们全都放在一起，那就成了一双双五彩斑斓的手掌。

金针菇的庐山真面目

墨线识图

【拉丁名】*Flammulina filiformis*（Z.W. Ge, X.B. Liu & Zhu L. Yang）P.M. Wang, Y.C. Dai, E. Horak & Zhu L. Yang

【中文名】金针菇

【中文别名】朴菰、构菌、毛柄金钱菌、冻菌

【分类地位】伞菌目 Agaricales 泡头菌科 Physalacriaceae 冬菇属 *Flammulina*

【生态习性】晚秋、初冬至早春生于阔叶树根部或树桩上。

【资源价值】美味食用菌，可药用。

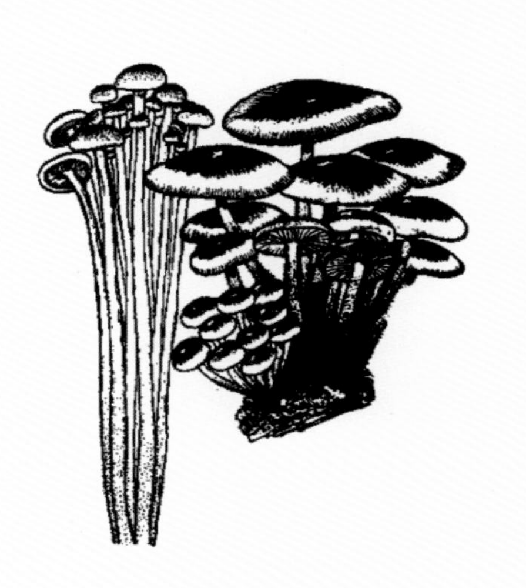

本是天生好香蘑
一入农家变化身

金针菇是我国采食、栽培和利用历史悠久的一种著名食用菌，因其菌柄细长、干品似金针菜而得名，其美名可以说是家喻户晓。金针菇是我国栽培最早的食用菌之一，已有1000多年的栽培历史，在《四时纂要》《齐民要术》《王祯农书》《种树书》等中均有相关记载。

金针菇因其生长在构、杨、柳、槐、桑、柿、椴等阔叶树的枯枝或树桩上，也称为构菌。由于野生金针菇菌柄上密被褐色绒毛，因此又叫作毛柄火焰菇（隶属于小火焰菇属）。金针菇不仅口感爽滑，更富有精氨酸、赖氨酸等人体不可缺少的物质，经常食用，对增强智力大有裨益，因而又有“增智菇”的美称。

野生的金针菇资源在我国非常丰富，全国广泛分布，常喜欢生长在腐朽的树木上。在野外，每当秋末至初春之际，就会出现金针菇的身影，这是因为金针菇属低温型的食用菌，最适生长温度在8 ℃左右，雨水和热量充沛的夏秋季节反而还不利于其自然生长；昼夜温差越大，越容易刺激金针菇子实体原基的发生。在野外细看野生金针菇子实体时，你会发现和我们平时所吃的栽培金针菇有着较大的差别。

野生金针菇的菌盖为明显的黄色，菌柄短并密被褐色绒毛，而栽培的金针菇菌盖白色、菌柄较长且光滑无毛。因此，没有相关的专业知识，很难将野生金针菇和栽培金针菇联系起来。此外，野生金针菇还有一个特点，当菌伞打开时，其菌柄已经老化，韧性较强，已经不能食用；但只要在幼嫩时采摘下来，野生金针菇还是脆嫩润滑的，煮熟后食用，味道非常鲜美。

栽培的金针菇目前有白色和黄色两个品系。白色金针菇目前广泛应用于工厂化栽培，多引自日本；而黄色金针菇则是我国传统品种，主要采用农法栽培。我国金针菇产地主要有福建、江苏、浙江、上海等。黄色品系的金针菇和野生祖先种较为类似，不同之处在于菌柄较长，可达 13 厘米，菌柄上部颜色较浅，为黄白色至白色，向菌柄基部颜色逐渐加深，初期金黄色，后期呈淡褐色；套袋栽培的黄色金针菇菌柄变为脆质，基本绒毛明显减少，增强了口感和舒适度。

白色品系的金针菇是黄色品系的变异体，颜色通体纯白色，菌盖略小，基部基本无绒毛。研究发现，金针菇子实体的颜色受一对等位基因控制，黄色是显性基因而白色为隐性基因。

不管是哪种颜色的金针菇，都兼具食用和药用的价值。金针菇的药用价值早在《本草纲目》中已有记载："金针菇性凉，味甘，归脾、大肠经。"金针菇具有补肝、益肠胃、抗癌的功效，对肝病、胃肠道抗感染、溃疡、肿瘤等有食疗作用。研究发现，金针菇富含蛋白质和多种氨基酸，其蛋白质含量高达20.64%，氨基酸含量也较高，其中金针菇的必需氨基酸与总氨基酸的比值达到了 37.2%，这已经接近了联合国粮食及农业组织和世界卫生组织所提出的理想值。多糖是金针菇的主要活性成分，具有抗氧化、免疫调节、保护肝脏细胞、缓解疲劳、辅助改善记忆力等多种不同的生理活性，金针菇多糖是

生长在构树上的野生金针菇

黄色品系和白色品系的栽培金针菇

由葡萄糖、半乳糖、阿拉伯糖、甘露糖等十多种单糖通过糖苷键连接而成的多聚物，成为当前国内食品、医疗、保健、美容化妆品领域的研究热点。金针菇的脂质含量、热量不高。它还含有多种维生素和矿物质，其含有维生素 B_1、维生素 B_2、维生素 B_3、维生素 C、维生素 D_2 等多种维生素，成为食品和药品的天然健康原料；金针菇含有 47 种矿物质，包括钠、钾、钙、镁等对人体有益的常量元素以及锌、铁、锰等微量元素，有降低血压的功能，是心脏病患者和需要限制盐摄入人士的福音。

在过去的研究中，由于形态特征类似，不少人把金针菇归到欧洲的毛腿冬菇 *Flammulina velutipes*，但经过研究人员长达十余年的研究，金针菇的“身世”之谜慢慢被揭晓，研究人员认为，金针菇和毛腿冬菇是两个完全不同的物种。研究人员给“金针菇”起了一个学名“*F. filiformis*”，东亚所有栽培的原本鉴定为毛腿冬菇的菌株，包括来自韩国和日本的菌株，实际上都是 *F. filiformis*。

精灵落下的面包

墨线识图

【拉丁名】 *Lycoperdon perlatum* Pers.

【中文名】 网纹马勃

【分类地位】 伞菌目 Agaricales 蘑菇科 Agaricaceae 马勃属 *Lycoperdon*

【生态习性】 夏秋季林中地上群生。

【资源价值】 幼时可食用，可药用。

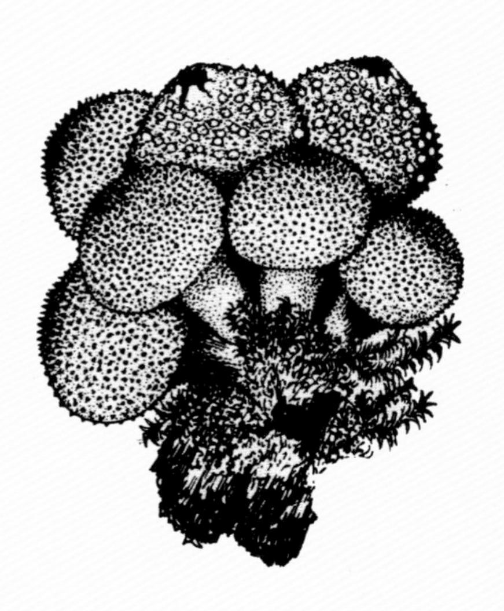

一朝身碎化飞烟
顿作世间好良药

莲因出淤泥而不染，为人称道品性高洁；马勃也如莲花一般，出处给人贫寒之感，但它的功能却非常令人尊敬，因为它是一味疗效十分显著的中草药。每一味中草药都是大自然的杰作，而马勃更是“精灵落下的面包”。

马勃，俗称马屁包、灰包。马勃种类繁多，本书涉及的马勃为马勃科多种菌类的泛称，主要包括马勃科的马勃属、灰球属、秃马勃属、脱盖马勃属等。马勃子实体呈球形或长圆形，体积大小差异很大，小的如桃杏，大的直径可达 15 ~ 20 厘米，最大的大马勃直径可达 1 米左右。马勃子实体（地上白球状部分）幼时内外纯白色，内部肉质，稍带黏性；成熟后，子实体内部组织全部瓦解，只剩一个灰包形如面包。马勃一般在夏、秋两季的雨后，单生、散生或群生于林地、草地或庭院角落的有机质上。马勃分布广泛，在我国各地也几乎都有分布，主要分布于内蒙古、辽宁、安徽、甘肃、江苏、云南等地。

马勃本草记载最早见于《名医别录》，称其“味辛平无毒，主治恶疮马疥”，生长环境为“园中久腐处”。南梁陶弘景是最早的关于马勃药材性状的描述者，《本草经集注》中记载：“马勃，紫色虚软，状如狗肺，弹之粉出，傅诸疮用之甚良也。”由此可见，陶氏所述的是紫色马勃无疑。此后的历代本草，如《千金翼方》《新修本草》及《蜀本草》等均列有马勃条，其性状描述“如紫絮”“紫尘出”等，很确切地描绘了紫色秃马勃的性状特征。到宋代，马勃的品种有了变化。《本草演义》记载："所谓牛溲马勃，有大如头者，小亦如升。"牛溲即牛屎菰。李时珍《本草纲目》曰："凡用以生布张开，将马勃于上摩擦，下以盘承去末用。""马勃轻虚，上焦肺经药也。故能清肺热、咳嗽、喉痹、失音诸痛。"他也以牛屎菰为马勃的别名。

马勃入药部位为子实体，相关的药理研究主要有：（1）止血：脱皮马勃含有磷酸钠，磷酸钠有机械性止血作用，常用于止血的种有网纹马勃、头状秃马勃等，但马勃不为组织所吸收，故不能作为组织内留存止血或死腔填塞之用。（2）抗菌：马勃制剂对金黄色葡萄糖球菌、肺炎球菌、绿脓杆菌、变形杆菌等均有抑制作用，其中紫色秃马勃的制剂对金黄色葡萄球菌的作用较强。（3）抗癌：大马勃制剂经动物试验，有显著的抗癌活性，其中马勃素是一种具有抗癌作用的碱性黏蛋白，对小白鼠肉瘤 -180 和艾氏腹水癌有一定的抑制效果。（4）损伤血管：把有柄马勃新鲜子实体的压榨汁注射给动物，可损害毛细血管以致内脏出血。

近代研究表明，马勃在内科、外科、五官科等多种疾病的临床应用方面已经取得了良好的疗效，并积累了一定的数据，有较好的发展前景。马勃纱布能治疗冻疮，用马勃油膏治疗褥疮既方便又高效。脱皮马勃、大马勃、紫色秃马勃的干燥子实体制成药剂，临床可用于：（1）咳症。（2）急性扁桃体炎、咽炎、喉炎、腮腺炎、颜面丹毒。（3）胃病：临床实践中发现，马勃不仅可治疗溃疡病，

赭色马勃

小马勃

梨形马勃

头状秃马勃

还可治疗急、慢性胃炎，尤其是胃脘疼痛挟有表征，出现咳嗽、失音、咽红、咽痛时。（4）吐血：马勃配合黄芩炭、仙鹤草、白茅花、生侧柏叶等同用，妊娠呕吐不止、鱼骨哽咽、积热吐血等均可使用。临床还将马勃用于外科手术止血，治愈率达97%，小伤口几乎达到100%，对感染治愈率达60%及以上。同时也用于治疗外伤出血、鼻出血、非特异性溃疡性结肠炎、上呼吸道感染、荨麻疹等。（5）癌症：脱皮马勃作为天然抗癌药物已用于治疗咽喉癌、肺癌、舌癌、恶性淋巴瘤、甲状腺癌及白血病等。马勃粉敷患烧伤和疥疮处有良好疗效，幼小马勃切片敷于肿胀和痛处也有效果。

除了药用，马勃还具有极高的食用价值。马勃含有多种氨基酸，其中人体必需的8种氨基酸含量较高，特别是赖氨酸、蛋氨酸的含量很高，还含有马勃素、无机盐和微量元素等。大马勃幼子实体含氨基酸总量约为34.26克，人体必需氨基酸约14.16克，占总量约41.33%。脱皮马勃子实体含亮氨酸、酪氨酸、尿素、麦角甾醇、类脂质、马勃素等及无机盐和金属离子，以磷酸钠含量最高；紫色秃马勃子实体含马勃酸、苯基氧化偶氮氰化物和对位羧基苯基氧化偶氮氰化物、类固醇二聚体，还含有氨基酸和磷酸盐。马勃还含有抗坏血酸、脱氢抗坏血酸，Cu、Zn、Fe、Ca、Mg等微量元素含量也极为丰富，但马勃多糖含量不高。

马勃的可食性在国内外文献中均有记载，如在我国民间常被食用的有大马勃、梨形马勃等。马勃采回后洗净切开蒸熟，加油、盐、

网纹马勃

钩刺马勃

醋等佐料拌匀即可食用。食用马勃时，须选其幼小、白色的子实体食用，且食用前须切成两半，以免误食与其外形相似、未成熟的伞形毒菌而发生中毒事件。

林地珊瑚别样美

墨线识图

【拉丁名】*Ramaria formosa*（Pers.）Quél.

【中文名】美丽枝瑚菌

【分类地位】钉菇目 Gomphales 钉菇科 Gomphaceae 枝瑚菌属 *Ramaria*

【生态习性】夏秋季林中地上群生。

【资源价值】可药用。

林间秋露夜继夜
蕴生珊瑚丛复丛

“一丛拔地起，怒放向蓝空。俨若珊瑚树，樵翁跋涉中。”诗中描述的“珊瑚树”不在海洋，却生于林地。林地珊瑚，也就是珊瑚菌，有人曾为它发出这样的感叹：“珊瑚菌一定是从海洋穿越来的，因为它长得实在太像珊瑚了！”

珊瑚菌，又称帚菌、刷把蕈、扫把菌、笤帚、红扫把，是一个统称，泛指子实体直立，呈简单棒状、珊瑚状、豆芽状、片状、角状、胡须状、猴头状等的一类腐生或土生的真菌。

珊瑚菌常生于林地上，阔叶林中较多，少数腐生于树木或其他植物残体上；单生，群生或丛生；直立、不分支、圆柱形至棒形，或分支成簇，呈珊瑚状；子实体小至大型，黄色、土黄色至橙色、浅粉等多种颜色，干后及受伤或断裂颜色多有变化；子实体多肉质，少数革质、胶质，菌肉松软或质脆或质韧。广义上的珊瑚菌没有剧毒，除了味道苦的不能吃之外，大部分珊瑚菌都是可以吃的。

经过分子生物学的研究，目前广义上的珊瑚菌分别归属于 15 科 29 属，总共有近千个物种。下面从珊瑚菌科、钉菇科部分种类中来领略珊瑚菌别样的美。

珊瑚菌科 Clavariaceae 珊瑚菌属 *Clavaria* 真菌子实体为细长圆柱形或长梭形，呈珊瑚状，直立，肉质、易碎，分枝或不分枝，密集成丛，白色、乳白色、淡紫色、堇紫色或水晶紫色，老后变浅色，初期实心后变空心。代表物种如脆珊瑚菌 *Clavaria fragilis* Holmsk.、佐林格珊瑚菌 *Clavaria zollingeri* Lév.、紫珊瑚菌 *Clavaria purpurea*

紫珊瑚菌

脆珊瑚菌（左）和佐林格珊瑚菌（右）

金赤拟锁瑚菌（左）和梭形黄拟锁瑚菌（右）

Schaeff. 等。拟锁瑚菌属 *Clavulinopsis* 的真菌子实体为不分枝或少分枝的珊瑚状，鲜黄色或橘红色，棒形至近梭形，顶端钝，空心，菌柄分界不明显，颜色稍暗呈暗褐色。代表物种如金赤拟锁瑚菌 *Clavulinopsis aurantiocinnabarina*（Schwein.）Corner、梭形黄拟锁瑚菌 *Clavulinopsis fusiformis*（Sowerby）Corner。

和珊瑚菌科真菌相比，枝瑚菌科真菌子实体会在一个短的总菌柄之上明显多分枝形成稠密的细枝，呈珊瑚状，柔软、肉质，新鲜时脆，颜色多样。代表物种如美丽枝瑚菌 *Ramaria formosa*

美丽枝瑚菌

密枝瑚菌（上）和黄枝瑚菌（下）

（Pers.）Quél.、密枝瑚菌 *Ramaria stricta*（Pers.）Quél.、黄枝瑚菌 *Ramaria flava*（Schaeff.）Quél. 等。

珊瑚菌类药用价值的记载见于《滇南本草》："帚菌，俗名笤帚菌。味甘，性平，无毒。主治和胃气，祛风、破血、缓中。多食令人气凝，少者舒气。"《中华本草》《中国药用真菌图鉴》《云南食用菌》等书籍中也有关于珊瑚菌可医治胃痛、宿食不化和风痛等的记载。研究发现，珊瑚菌所含主要活性成分多糖和三萜类化合物具有抗氧化、消炎、抗菌、抗肿瘤等作用。研究表明，红顶枝瑚菌的多糖具有清除羟自由基的能力，清除率随着多糖质量浓度的升高而逐渐上升；杯珊瑚菌的粗提物对体外培养的人乳腺癌细胞株有明显的抑制作用，具有抗乳腺癌作用。

随着生活水平的不断提高，人们对营养保健品的消费需求越来越高，而珊瑚菌作为功能性食用菌食品有着巨大的开发潜力。珊瑚菌鲜甜爽口，肉质鲜嫩，含有丰富的营养物质，其中含有亮氨酸、异亮氨酸、苯丙氨酸等 17 种氨基酸，其中有 6 种人体必需氨基酸；同时含有多种对人体有益的生物活性物质，深受广大消费者喜爱。

珊瑚菌除了本身兼具食药用功能，能丰富人们的菜篮子，具有天然保健作用，还因种属不同而形状各异，有"野生之花"的美称，具有观赏价值，能提高生态旅游的价值。

迷你高脚杯

墨线识图

【拉丁名】*Cyathus striatus* Willd.

【中文名】隆纹黑蛋巢菌

【分类地位】伞菌目 Agaricales 蘑菇科 Agaricaceae 黑蛋巢菌属 *Cyathus*

【生态习性】夏秋季于落叶林中朽木或腐殖质多的地上或苔藓间群生。

【资源价值】可药用。

立身不惧风和雨
激荡满天飞流星

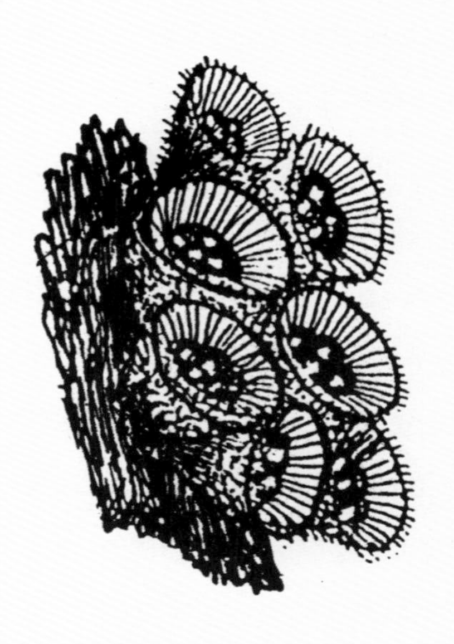

在野外的一根细小的枯枝上，你可能会发现小枝上并排长着两三个“鸟巢”，里面会长有“鸟蛋”，其实它是一种真菌，这种菌物因其外观长得像一个鸟巢而得名。接下来，你还会不断在腐朽木和地面堆积的松针上发现各种鸟巢菌，尤其在木栈道的楼梯处，有许多鸟巢菌正在努力从木板与木板之间的缝隙冒出来。小小的鸟巢菌就像一个个迷你的高脚杯，可爱又迷人。

真菌学家 Carolus Clusius 于 1601 年在 *Rariorum plantarum historia* 中首次提到鸟巢菌。关于这些真菌是否是种子植物以及它们在自然界中如何繁殖传播，科学界争论了几百年。直到 1790 年，G. Hoffman 观察到小包中含有孢子，证实小包并非种子。鸟巢菌科下最大的一个属——黑蛋巢菌属，由瑞士科学家 Albrecht von Haller 于 1768 年建立，属名 *Cyathus* 的拉丁文含义为“杯状的，斗状的”。

关于鸟巢菌如何在自然界中繁殖传播，这得从它的独特构造说起，鸟巢菌的子实体，即担子果，由包被和产孢组织组成。子实体多呈杯状、倒圆锥形、漏斗形、喇叭形或坩埚形，通常很小，高度一般不超过 3 厘米，口部直径多在 1.5 厘米以下；产孢组织在子实体发育过程中形成若干小腔，至发育成熟时，腔内间的组织因胶化而彼此分离，形成小包。小包呈小豆状着生在杯状的包被中，形似有“卵”的小型鸟巢。小包下方是由菌攀索和外面的囊包组成的一个柄状结构，位于包被底部的鞘上，这个结构不是稳固的，要完成孢子的释放，鸟巢菌还需要等待一个时机。

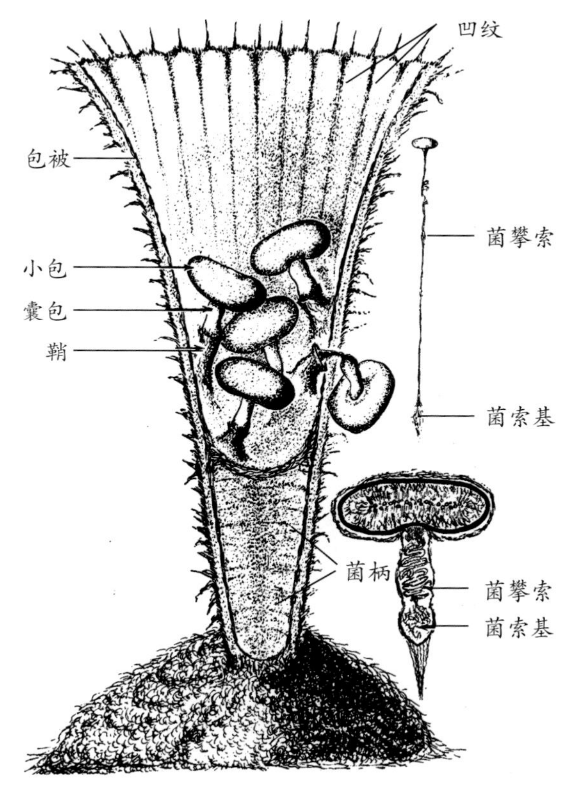

鸟巢菌形态结构示意图（引自 C.J. 阿历索保罗等《菌物学概论》）

当雨滴落入杯状子实体时，时机到了，雨滴向下强大的冲力将小包从包被中弹出约 1 米远，在飞行的过程中菌攀索跟着小包一起飞行，直到黏附在某一物体上，强大的冲击力同时也将包裹菌攀索的囊包打破，菌攀索像弹簧一样伸长，直到达到延伸的极限，这时产生的张力迫使菌攀索绕着黏附点旋转缠绕，直到完全缠绕在维系物上，完成孢子的释放。

1—2：雨滴落入杯中；3：雨滴溅出小包，小包飞出并伸展黏性菌索基；4：菌索基黏住植物体，小包继续向前飞出并拉伸菌攀索；5：菌攀索伸至最长后将小包急拽回来；6：小包回旋缠绕在植物茎上，同时另一雨滴落向杯中

鸟巢菌成熟子实体“雨滴飞溅”传播示意图（引自 C.J. 阿历索保罗等《菌物学概论》）

鸟巢菌外形奇特而引人称赞，不同的鸟巢菌物种形态各异。乳白蛋巢菌 *Crucibulum laeve*（Huds.）Kambly 担子果为短的圆筒形、浅杯状，幼时有白色或粉黄色的盖膜，包被外侧为浅黄棕色、褐色或红褐色，密被白色、黄色至浅棕色的绒毛，有时像毛毡一样；包被内侧呈乳白色、灰白或奶油色，平滑；小包扁圆形，白色、灰白至带黄色，具有一层较厚的膜，由菌攀索固定于包被内侧的壁上。白绒红蛋巢 *Nidula niveotomentosa*（Henn.）Lloyd 的担子果呈浅杯状、桶形，两侧边缘直，几乎平行，幼时有白色或粉黄色的盖膜，包被外侧为白色、雪白色至污白色的细密绒毛，口部有白色流苏状白色绒毛；内侧乳白色、肉色至浅黄色、浅黄棕色，平滑、无条纹；扁圆的小包红褐色、紫红色、暗板栗色至污褐色，无菌攀索，不与包被内侧的壁相连。隆纹黑蛋巢菌 *Cyathus striatus* Willd. 的担子果杯形、宽的倒圆锥形，较高大，包被外侧为前黄棕色、暗褐色至污褐色，被淡黄色、黄棕色的粗长硬毛，常结成长而下指的锥形簇，有纵条纹；内侧同样有明显的纵条纹，灰白色、银灰色至褐色；小包扁圆，具有浅黄色至浅褐色的薄膜。

看看实物照片，相信你定能对它们留下深刻的印象！

鸟巢菌传播方式很独特，样子也很别致，同时也具有很高的药用价值，比如黑蛋巢菌属有很多种都有治疗胃病、治胃疼的作用。黑蛋巢菌属和红蛋巢菌属对油菜菌核病病原——核盘菌有一定的抑制作用，个别菌株对小麦全蚀病菌、终极腐霉、茄丝核菌等病原菌

乳白蛋巢菌

白绒红蛋巢菌（左）和隆纹黑蛋巢菌（右）

也有一定的抑制作用。对白绒红蛋巢发酵液的正丁醇提取物进行抑菌试验发现，正丁醇提取物对土曲霉、绳状青霉、产黄青霉、宛氏拟青霉和青霉均有较强的抑制作用。黑蛋巢菌属和红蛋巢菌属具有几丁质酶、β-1,3-葡聚糖酶、纤维素酶、木聚糖酶和木质素过氧化物酶五种水解酶活性，有望利用来完成植物秸秆的降解及利用。因此，进一步筛选鸟巢菌科真菌对其他植物病害的防治效果，获得最佳的生物防治菌株可能会是未来研究的热点。

- 参考文献 -

[1] 敖常伟，惠明，李忠海，等．松乳菇营养成分分析及松乳菇多糖的提取分离 [J]. 食品工业科技，2003, 24(9):77–79.

[2] 曹赞丽，王小新，杜景刚，等．对花菇形成机理的分析及异议 [J]. 食用菌，2012, 34(4):3–4.

[3] 曾云光．漫谈金针菇 [J]. 江西农业科技，1984（3）:21.

[4] 陈启武．神农林海话蘑菇 [J]. 食用菌，1991, 13(3):42.

[5] 陈清文，王林．鲁迅、曹靖华与猴头蘑的趣事 [N]. 人民日报(海外版), 1987–09–22.

[6] 陈士瑜，陈蕙．猴头轶话 [J]. 中国食用菌，1985, 4(4):40.

[7] 陈守常．木耳考述 [J]. 农业考古，1993(1):164–165.

[8] 陈守常．四川森林药用真菌资源及生态类型 [J]. 自然资源学报，1991,6(2):170–177.

[9] 崔福顺，金成学，崔承弼．长白山美味牛肝菌提取物清除自由基活性的研究 [J]. 食品工业，2013,34(5):133–136.

[10] 戴玉成，图力古尔．中国东北野生食药用真菌图志 [M]. 北京：科学出版社，2007.

[11] 戴玉成, 周丽伟, 杨祝良, 等. 中国食用菌名录 [J]. 菌物学报, 2010, 29(1):1–21.

[12] 丁湖广, 王德平. 黑木耳与银耳代料栽培速生高产新技术 [M]. 北京: 金盾出版社, 1989.

[13] 丁永辉. 中药马勃的本草考证 [J]. 中药材, 1995, 18(9):476–478.

[14] 董爱文, 周国海, 彭均辉, 等. 松乳菇多糖提取与含量分析 [J]. 食用菌, 2004, 26(2):6–7.

[15] 冯雪. 泰山区域牛肝菌目物种多样性研究 [D]. 泰安: 山东农业大学, 2015.

[16] 苟兴, 屈全飘, 赵树海, 等. 漫谈银耳 [J]. 大自然探索, 2021, (2):10–19.

[17] 郭楚燕, 胡建伟, 李雨沁, 等. 裂盖马鞍菌伴生菌研究初报 [J]. 食用菌, 2011, (4):9–10.

[18] 郭楚燕, 胡建伟, 杨历军. 新疆珍稀食用菌——裂盖马鞍菌 [J]. 新疆农业科技, 2008, 183(6):48.

[19] 郭梁, 刘国强, 徐伟良, 等. 猴头菇药用价值和产品开发的研究进展 [J]. 食用菌, 2018, 40(6):1–4.

[20] 郭婷. 别碰！我有毒 [J]. 知识就是力量, 2017, (12):32–35.

[21] 郭旭光. 滋阴益气话银耳 [J]. 家庭医学, 2021, (11):54.

[22] 何坚, 冯孝章. 桦褐孔菌化学成分的研究 [J]. 中草药, 2001, 32(1):4–6.

[23] 何容, 罗晓莉, 张沙沙, 等. 珊瑚菌营养和药用研究现状 [J]. 食用菌, 2021, 43(2):1–3.

[24] 何园素 . 中国香菇 [M], 上海 : 上海科学技术出版社 , 1994.

[25] 贺立虎 , 周博 , 李黔蜀 . 亚稀褶黑菇的化学成分研究 [J]. 西北林学院学报 , 2011, 26(6):110–113.

[26] 黄年来 . 中国大型真菌原色图鉴 [M], 北京 : 中国农业出版社 , 1998.

[27] 黄年来 . 中国香菇栽培学 [M]. 上海 : 科学技术文献出版社 , 1994.

[28] 黄文 . 猴头小史 [J]. 农业工程 , 1984, 4(1):38.

[29] 拉姆 , 罗布顿珠 , 米久 . 冬虫夏草的研究进展概述 [J]. 西藏科技 , 2021(10):12–14.

[30] 李海丽 . 庆元香菇历史文化溯源 [J]. 中国食用菌 , 2020, 39(12): 163–167.

[31] 李泰辉 , 宋斌 . 中国牛肝菌分属检索表 [J]. 生态科学 , 2002, 21(3):240–245.

[32] 李玉 , 李泰辉 , 杨祝良 , 等 . 中国大型菌物资源图鉴 [M]. 郑州 : 中原农民出版社 , 2005.

[33] 李云霞 , 柴美清 , 李青 , 等 . 不同碳源对 3 个野生马鞍菌菌株菌丝生长的影响 [J]. 中国食用菌 , 2021, 40(10):35–39.

[34] 李增智 , HYWEL–JONE Nigel Leslie, 孙长胜 . 虫草文化及科学史 [J]. 菌物学报 , 2022, 41(11):1731–1760.

[35] 李志超 . 香菇 [M]. 北京 : 中国展望出版社 , 1986.

[36] 梁英梅 , 杨婷 . 甘南寻菌记 [J]. 生命世界 , 2015(4):12–17.

[37] 刘炳莉 , 樊红秀 , 邵添 , 等 . 银耳多糖抑制鲜湿面水分迁移及改

善黏连的作用 [J]. 食品科学 , 2023, 44(2):79–86.

[38] 刘波 . 中国真菌志 (第 23 卷)[M]. 北京 : 科学出版社 , 2005.

[39] 刘朝茂 , 李萍 , 赵长林 , 等 . 鸟巢菌科研究进展 [J]. 北方园艺 , 2019(14):135–139.

[40] 刘晨 , 及屋 , 杨若冰 , 等 . 后燕鲍翅时代 , 谁最奢侈味美? ——中国高端餐饮流行食材报告 [J]. 天下美食 , 2010(11):46–60.

[41] 刘佳 , 高敏 , 殷忠 , 等 . 野生牛肝菌营养成分分析及对小鼠免疫功能的影响 [J]. 微量元素与健康研究 , 2007, 24(1):5–7.

[42] 马洛 . 舌尖上的松茸 [J]. 旅游世界 (旅友), 2012(7):10–13.

[43] 卯晓岚 . 中国大型真菌 [M]. 郑州: 河南科学技术出版社 , 2000.

[44] 卯晓岚 . 中国经济真菌 [M]. 北京 : 科学出版社 , 1998.

[45] 么越 , 荣丹 , 唐梦瑜 , 等 . 羊肚菌药用价值及产品开发现状 [J]. 中国食用菌 , 2022, 41(7):13–17.

[46] 彭光明 , 唐元旭 , 蔡德芳 , 等 . 严重亚稀褶黑菇中毒致横纹肌溶解的临床分析 [J]. 云南医药 , 2014, 35(5):560–561.

[47] 漆谦 . 谈《舌尖上的中国》传达的中国价值 [J]. 电视研究 , 2012(10):75–77.

[48] 秦淑惠 . 亚稀褶黑菇是毒蕈 [J]. 中国城乡企业卫生 , 1990(5):17.

[49] 艾亚玮 , 刘爱华 . 神圣的“制造”: 造笔传说与历史的观照 [J]. 2011(2):100–101.

[50] 谭铃文 , 刘元涛 , 刘一鹏 , 等 . 褐环乳牛肝菌液体发酵培养基的优化 [J]. 中国酿造 , 2022, 41(5):148–152.

[51] 谭艳 , 谭家林 , 徐慎东 , 等 . 珊瑚菌的研究现状及在宜昌地区

的发展前景 [J]. 湖北林业科技 , 2016, 45(5):46–48.
[52] 唐薇.美味牛肝菌多糖的生物活性及其抗S–180肿瘤的效应[J]. 西南师范大学学报 , 1999, 24(4).
[53] 田慧敏 , 王秀艳 , 田博宇 , 等 .2 种有毒鹅膏菌形态学及 rDNA–ITS 测序鉴定 [J]. 中国食用菌 , 2020, 39(12):13–17.
[54] 田云霞 , 童江云 , 汪威 , 等 . 银耳属伴生现象研究进展 [J]. 食用菌 , 2019, 41(4):1–3.
[55] 图力古尔 , 包海鹰 , 李玉 . 中国毒蘑菇名录 [J]. 菌物学报 , 2014, 33(3):517–548.
[56] 王法云 , 马杰 , 崔波 , 等 . 河南的牛肝菌目资源研究 [J]. 河南科学 , 1996, 14(3):314–320.
[57] 王谦 . 大型食用真菌的多糖类物质 [J]. 广西轻工业 .1995, (4): 16–19.
[58] 王清清 , 图力古尔 , 包海鹰 . 棱柄马鞍菌子实体的化学成分研究 [J]. 菌物研究 , 2016, 14(4):239–244.
[59] 王卫国 , 张仟伟 , 李瑞静 , 等 . 金针菇多糖的生理功能及其应用研究进展 [J]. 河南工业大学学报 : 自然科学版 , 2016, 37(1): 120–128.
[60] 王星光 , 王虎霞 , 宋张骏 . 云芝糖肽抗肿瘤机制研究进展 [J]. 中医药导报 , 2022, 28(10):96–99.
[61] 王一心 , 杨桂芝 , 狄勇 . 华美牛肝菌对高脂血症大鼠血脂及抗氧化作用的影响 [J]. 现代预防医学 , 2004, 31(4):479–480.
[62] 王玉万 , 王云 . 银耳及其伴生菌营养生理生态研究 [J]. 应用生

态学报，1993, 4(1):59–64.
[63] 魏杰，高巍，黄晨阳. 中国菌根食用菌名录[J]. 菌物学报，2021, 40(8):1938–1957.
[64] 徐碧如. 银耳生物特性的研究[J]. 福建农学院学报，1986, 15(2):141–145.
[65] 雪娃娃. 真菌中的艺术家——小孢绿杯盘菌[J]. 学苑创造(1–2年级阅读), 2022(11):10–13.
[66] 杨继东. 山民之宝——马勃[J]. 山西农业：致富科技版，1994(8): 22–25.
[67] 杨前宇. 兰科菌根真菌多样性研究及其对兰科植物的影响[D]. 北京：中国林业科学研究院，2018.
[68] 杨艳，邵瑞飞. 蘑菇中毒机制研究进展[J]. 临床急诊杂志，2020, 21(8): 675–678.
[69] 杨祝良. 中国鹅膏科真菌图志[M]. 北京：科学出版社，2015.
[70] 张光亚. 蘑菇之王——松口蘑[J]. 云南林业，1983, 4(2):31–34.
[71] 张国晴. 陇南地区牛肝菌目物种多样性研究[D]. 兰州：西北师范大学，2022.
[72] 张家辉，熊驰，黎江宇，等. 阴条岭上寻鬼笔[J]. 大自然，2023(3):44–47.
[73] 张乐，王赵改，李鹏，等. 金针菇不同部位营养成分分析[J]. 河南农业科学，2015, 44(6):109–112.
[74] 张维经，李碧峰. 天麻与蜜环菌的关系[J].Journal of Integrative Plant Biology, 1980, 22(1)57–62.

[75] 张颖，程立君，周彤燊．滇西北丽江老君山的鸟巢菌 [J]. 西南林学院学报，2006, 26(2):62–66.

[76] 张忠子．食用菌食品的营养价值及保健功能分析 [J]. 中国食用菌，2019, 38(8):135–137.

[77] 赵春艳，王婷婷，郃丽梅，等．鹅膏菌肽类毒素的研究进展 [J]. 中国食用菌，2014, 33(4):9–11.

[78] 赵桂萍，胡佳君，李玉，等．鸡油菌属研究概述 [J]. 微生物学通报，2021, 48(4):1260–1272.

[79] 赵会珍，胥艳艳，付晓燕，等．马勃的食药用价值及其研究进展 [J]. 微生物学通报，2007, 34(2):367–369.

[80] 赵麒鸣，吴鹏，刘鸿高，等．蜜环菌与天麻的共生关系研究进展 [J]. 云南农业科技，2022, (2):56–58.

[81] 赵群远，段宇珠，陈安宝，等．亚稀褶黑菇中毒的临床表现研究 [J]. 临床急诊杂志，2017, 18(10):792–794.

[82] 赵泽宇，石利欣，杨露娜，等．菌根真菌与兰科植物生境选择的相关性研究进展 [J]. 菌物研究，2023, 21(S1):113–120.

[83] 周玲．药用食疗木耳与膳食 [J]. 食用菌，2003,25(S1):47–48.

[84] 周萍，李新胜，马超，等．金针菇的营养成分及药用价值 [J]. 中国果菜，2014, 34(12):44–47.